《玉米小麦节本增效技术手册》
编　委　会

主　任　张志勇

副主任　王朝文

主　编　王翠霞　陈国生　程洪岐

编　者（按姓氏笔画排名）

丁春暖　于丽娜　王建峰　邢慧君

师素玲　刘秋民　汤新凯　李　荣

李永刚　李明洋　位玉林　赵　雅

郜文军

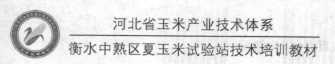

河北省玉米产业技术体系

衡水中熟区夏玉米试验站技术培训教材

玉米小麦节本增效 技术手册

王翠霞 陈国生 程洪岐 主编

中国农业出版社

图书在版编目（CIP）数据

玉米小麦节本增效技术手册／王翠霞，陈国生，程洪岐主编．—北京：中国农业出版社，2018.1
　　ISBN 978-7-109-23889-3

　　Ⅰ.①玉… Ⅱ.①王… ②陈… ③程… Ⅲ.①玉米—栽培技术—手册②小麦—栽培技术—手册 Ⅳ.①S513-62②S512.1-62

中国版本图书馆 CIP 数据核字（2018）第 011308 号

中国农业出版社出版
（北京市朝阳区麦子店街 18 号楼）
（邮政编码 100125）
责任编辑　郭银巧

中国农业出版社印刷厂印刷　　新华书店北京发行所发行
2018 年 1 月第 1 版　　2018 年 1 月北京第 1 次印刷

开本：850mm×1168mm　1/32　　印张：3
字数：52 千字
定价：12.00 元
（凡本版图书出现印刷、装订错误，请向出版社发行部调换）

衡水中熟区夏玉米试验站简介

　　衡水中熟区夏玉米试验站是河北省现代农业产业技术体系玉米产业创新团队 9 个综合试验推广站之一，该站于 2016 年 3 月建于冀州市区南 10 千米的周村镇北午召村明洋农场，试验站占地 200 亩[*]，距邢衡高速冀州南出口（106 国道）5 千米，距县级公路冀午线 1 千米，交通便利。基地水利设施配套齐全。有办公室、库房和晾晒场地，同时有大型农用机具。建立试验站的目的是试验、示范玉米岗位专家的新技术、新品种、新肥料、新机具、新农药及其综合集成技术的新成果，本着"建、展、推"并重原则，做到全方位展示，使基地成为"没有围墙的学校，没有黑板的课堂"，确保将科技成果真正送到农户手中。2016—2017 年安排的试验示范项目，组织广大农民进行观摩培训学习交流，使农民看得见、摸得着、感知深、理解透、能掌握、应用好，提高了农民的种植水平，促进了玉米产业的健康持续发展。

---

　　* 亩为非法定计量单位，1 亩≈667 平方米，余同。——编者注。

试验站试验示范安排表

	2016 年试验示范项	2017 年试验示范项
1	夏玉米高产高效简化栽培技术示范	夏玉米高产高效简化栽培技术示范
2	夏玉米专用配方肥技术示范	水肥一体化高效施肥技术示范
3	玉米病虫防控前移综合技术示范	夏玉米病虫害前移防控、农药减量技术示范
4	玉米防治病虫多功能种衣剂技术示范	玉米田化学除草剂减量应用技术的试验
5	玉米清垄播种技术示范	麦茬地清垄免耕施肥精密播种机示范
6	早熟机收品种示范	夏玉米机械化籽粒直收技术示范
7	早熟高产岗位示范	玉米抗耐品种组合试验鉴定
8	抗倒耐密 70 个新杂交组合试验	夏玉米主推品种养分高效管理技术研究
9	夏玉米中、微量元素试验	品种展示与示范
10	玉米品种筛选与评价试验	增施有机肥示范（自选）
11	增施有机肥示范（自选）	
12	福亮包衣防地下害虫效果示范（自选）	

试验站成员简介：

程洪岐，男，1967 年 1 月生，大学本科，中共党员，推广研究员，站长。自 1991 年毕业一直在基层从事农技推广工作。参与、主持试验示范推广项目、制订实施方案，撰写农作物播种管理建议。完成科研项目 6 项，试验、示范、推广数十项，获农业部全国农牧渔丰收奖一等奖、二等奖、三等奖各 1 项，河北省厅农牧渔丰收奖一等奖 2 项、二等奖、三等奖各 1 项。先后在国家级学术性刊物上发表论文 10 余篇，主持、参与编写内部书籍 6 本。衡水市管拔尖人才；衡水市优秀专业技术人才；衡水市首届农民信得过十佳技术员、省"三三三"工程第三层次人才。2014 年获河北省农业技术推广贡献奖。

王翠霞，女，1977 年 3 月生，高级农艺师，大学本科。自 2002 年参加工作一直在衡水冀州市农牧局从事基层农技推广工作。先后参与"土壤墒情与旱情监测""地下水超采综合治理""渤海粮仓科技示范工程""衡水中熟区夏玉米试验站"等农业科技项目、重大工程项目、试验、示范、推广 10 余项，获得国家科学技术进步奖二等奖 1 项；冀州市科技进步奖二等奖 1 项、三等奖 2 项；冀州市政府三等功 1 次、优秀嘉奖多次；2012 年被评为河北省农技推广先进个人。在国家级学术性刊物上发表论文 10 多篇，编写著作 1 本，主持、参与编写内部书籍 6 本。

汤新凯，男，1975 年 3 月生，高级农艺师，本科学历。2013 年获得全国农业技术推广贡献奖、国家科学技术进步奖二等奖各 1 项；2011 年被评为河北省农技推广先进工作者；2011—2013 年多次被评为衡水市农牧系统先进个人、冀州市科技工作先进个人；2015 年被评为优秀科技特派员、河北省农业区划先进工作者。2008—2014 年获得冀州市科技进步三等奖 4 项，并多次获冀州市嘉奖奖励、记三等功奖励；先后在国家级学术性刊物发表论文 11 篇，主持、参与编写内部书籍 5 本。

陈国生，男，1965 年 10 月生，高级农艺师，本科学历。河北省"三三三"工程第三层次人才，在国家级学术性刊物发表《棉铃虫预报因素比重分析》等论文 6 篇，省级刊物发表论文 12 篇。

邢慧君，女，1987 年 10 月生，农艺师，中共党员，研究生学历。参与冀州市地下水超采综合治理、渤海粮仓科技示范工程、粮食丰产工程等项目的实施；负责、组织、协助冀州市市级、省级园区申报、创建、验收工作；获冀州市政府优秀嘉奖 2 次；在 *Plant Cell Rep* 和 *PLoS One* 上各发表论文 1 篇；参与编写内部书籍 2 本。

郜文军，女，1981 年 12 月生，农艺师，中共党员，研究生学历。多次获得冀州市政府优秀嘉奖、三等功、二等功；两次被评为"衡水市农牧系统先进工作者"；2014 年获得冀州市"三八红旗手""全市优秀共产党员"称号；2016 年被评为"河北省土肥水工作先进个人"。主持"土壤耕地质量监测""测土配方施肥""田间工程建设""水肥一体化"等项目的实施。2012 年获冀州市科技进步二等奖。在国家

级学术性刊物发表论文 4 篇；主编、参与编写内部书籍
4 本。

李明洋，男，1990 年 9 月生，大专。2016 年取得新型
职业农民资格，经营有 600 亩的家庭农场，2015 年被衡水市
农牧局确定为市级示范家庭农场。

目　　录

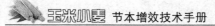

玉米节水栽培管理技术

第一节　玉米基础知识

一、玉米生育期

从播种到新的籽粒成熟为玉米的一生。一般将玉米从播种到成熟所经历的天数称为全生育期，从出苗至成熟所经历的天数称为生育期，生育期长短与品种特性和环境条件等有关，主要由生育期间所需有效积温决定。某一品种整个生育期间所需要的积温基本稳定，生长在温度较高条件下生育期会适当缩短，而在较低温度条件下生育期会适当延长。不同种植地区生态条件差异较大，夏玉米生育期变化也较大，一般在85～115天。

二、玉米生育时期

在玉米一生中，玉米植株外部形态和内部组织均会发生阶段性的变化，这些阶段性称为生育时期。当50%以上植株表现出某一生育时期特征时，标志全田进入该生育时期。

1. 播种期

播种当天的日期（土壤墒情差时以浇"蒙头水"之日为准）。

2. 出苗期

播种后 50％以上植株第一真叶开始展开或幼苗出土高约 2 厘米的日期。

3. 三叶期

50％以上植株第三片叶露出叶心 2～3 厘米，是玉米的离乳期也称三叶期。

4. 拔节期

50％以上植株雄穗生长锥伸长，植株靠近地面用手能摸到茎节，茎节总长度达到 2～3 厘米时，称为拔节期，一般处于 6～8 叶展开期。

5. 小喇叭口期

50％以上植株雌穗生长锥进入伸长期，雄穗进入小花分化期，一般处于 8～10 叶展开期，称为小喇叭口期。

6. 大喇叭口期

50％以上植株雌穗开始小花分化，棒三叶（果穗及其上下两叶）甩出但未展开；心叶丛生，上平中空，侧面形状似喇叭，在叶鞘部位能摸出发软而有弹性的雄穗，一般处于 11～13 叶展开期，称为大喇叭口期。在生产上常用大喇叭口作为施肥灌水的重要标志。

7. 抽雄期

50％以上植株雄穗尖端从顶叶刚露出 3～5 厘米时，称为抽雄期。

8. 开花期

50％以上植株雄穗主轴小穗开花，一般抽雄后 2～3 天，称为开花期。

9. 吐丝期

50％以上植株雌穗花丝露出苞叶 3 厘米左右，称为吐丝期。

10. 乳熟期

50％以上植株籽粒开始快速积累同化产物，在吐丝后15～35 天，胚乳成乳状后至糊状时，称为乳熟期。

11. 完熟期

50％以上植株果穗苞叶变黄而松散，籽粒干硬，基部出现黑层，乳线消失，并呈现出品种固有的颜色和色泽，在吐丝后 50～65 天，称为完熟期。

12. 收获期

实际收获的日期。

三、玉米生长发育阶段的划分

玉米的一生经过若干个生育阶段和生育时期，才能完成其生活周期。判断玉米生育期不能纯粹以天数衡量，而应以叶片数来估算某个生育时期，从而纠正生育期的天数误差，这对玉米收购商、玉米种植大户很关键。

在玉米的一生中，按形态特征、生育特点和生理特性，可分为 3 个不同的生育阶段，每个阶段有包括不同的生育时期。这些不同的阶段与时期既有各自的特点，又有密切的联系。

1. 苗期阶段

玉米苗期指播种至拔节的一段时间，是以生根、分化茎叶为主的营养生长阶段。本阶段的生育特点是：根系发育较快，但地上部茎、叶量的增长比较缓慢。为此，田间管理的中心任务就是促进根系发育、培育壮苗，达到苗早、苗足、苗齐、苗壮的"四苗"要求，为玉米丰产打好基础。该阶段又分以下两个时期。

（1）播种—三叶期 种子播入土中，外界温度在8℃以上，水分含量60%左右和通气条件较适宜情况下，一般经过4～6天即可出苗。生长至三叶期，种子储藏的营养耗尽，称为"离乳期"，这是玉米苗期的第一阶段。此时土壤水分是影响出苗的主要因素，所以浇足底墒水对玉米产量起决定性的作用。另外，种子的播种深度直接影响到出苗的快慢，出苗早的幼苗一般比出苗晚的要健壮，播深要适宜。

（2）三叶期—拔节 三叶期是玉米一生中的第一个转折点，玉米从自养转向异养。从三叶期到拔节，由于植株根系和叶片不发达，吸收和制造的营养物质有限，幼苗生长缓慢，主要是进行根、叶的生长和茎节的分化。

玉米苗期怕涝不怕旱，涝害轻影响生长，重则造成死苗，轻度的干旱，有利于根系的发育和下扎。

2. 穗期阶段

玉米从拔节至抽雄的一段时间，称为穗期。拔节是玉米一生的第二个转折点，此期营养生长和生殖生长同时进行，即叶片、茎节等营养器官旺盛生长和雌雄穗等生殖器官强烈分化与形成，是玉米一生中生长发育最旺盛的阶段，也是田间管理最关键的时期。

3. 花粒期阶段

玉米从抽雄至成熟这一段时间，称为花粒期。玉米抽雄、散粉时，所有叶片均已展开，植株已经定长，就是基本停止营养体的增长，而进入以生殖生长为中心的阶段，出现了玉米一生的第三个转折点。此阶段田间管理的中心任务，就是保护叶片不损伤、不早衰，争取粒多、粒重，达到丰产。

四、玉米不同类型品种的特点

玉米从出苗至成熟所经历的天数叫玉米的生育期。生产上按生育期长短不同把玉米分为早熟、中熟、晚熟 3 种类型。

早熟类型玉米品种的特点是：生育期春播 70～100 天，夏播 70～90 天。植株矮小，叶片数少，一般 14～18 片叶。生育期间要求≥10℃积温 1 800～2 300℃，适合生长季节短的地区种植。代表性品种：唐抗 5 号、高优 1 号、京单 28、京玉 7 号、掖单 4 号。

晚熟类型玉米品种的特点是：生育期春播 120～150 天，夏播 100 天左右。植株高大，茎秆粗壮，一般叶片多达 21～25 片。生育期间要求≥10℃积温 2 700℃以上，适合春播栽培。代表性品种：登海 605、伟科 702、郑单 958、农大 108、掖单 13、蠡玉系列。

中熟类型玉米品种的特点是：植株性状介于早熟类型品种和晚熟类型品种之间，叶片数一般 18～20 片，生育期间要求≥10℃积温 2 300～2 700℃，适应地区较广，在冀州区可套种或麦后复种。代表性品种：郑单958、浚单20、先玉335、中科11、洛玉4号、农华101。

五、玉米籽粒形成和成熟

玉米籽粒形成和成熟过程可分为4个时期，即籽粒形成期、乳熟期、蜡熟期和完熟期。

1. 籽粒形成期

在受精后15～20天（中、早熟种约15天，晚熟种约20天），胚分化基本结束，胚乳细胞已形成。外部形态呈乳白色球状体。该期籽粒增长迅速，如遇干旱缺水，叶黄脱肥，极易造成秕粒和秃尖。

2. 乳熟期

该期约有20天，自吐丝15～20天后到34～37天。此期胚乳细胞迅速灌浆，籽粒干重增长较快，随籽粒增大果穗不断增粗，为籽粒形成重要阶段。此期能够保证养分和水分的供应，密度适宜，通风透光良好，保持最大叶面积，增强灌浆强度，可以有效地提高粒重。

3. 蜡熟期

此期10～15天，自吐丝后35～37天起到49天。籽粒灌浆速度减缓。该期如能保持土壤水分在田间持水的70%，可避免叶片早衰黄枯，保证灌浆增加粒重。如遇干旱应及时浇水可增产10%。

4. 完熟期

籽粒蜡熟末期，含水量降到40%以下，已基本停止灌浆，籽粒缩小变硬。当籽粒含水量达到 20％ 以下时，粒色具有光泽，指甲已不能掐破，乳线消失，胚的基部出现黑层，苞叶黄枯松散，进入完熟时期。

六、影响玉米穗分化因素

玉米穗分化过程是玉米产量形成的主要内容，掌握其与外界条件的关系，对正确地采用农业技术措施，促进穗多、穗大、粒多、粒重，有重要意义。

1. 温度和水分

在一定范围内，温度愈高，玉米生长愈快，25～27℃ 为最适宜温度。玉米进入雌穗小穗、小花分化期，水分亏缺严重阻碍小穗和小花分化，增加败育花减少每穗粒数，水分不能亏也不宜涝。

2. 土壤肥力

土壤肥力高低对于玉米雌穗分化和发育影响较大，土壤高肥力比中等肥地玉米的雌穗小穗和小花分化期提早 5～7天，吐丝提早 4～5 天，产量较高。而低肥地小穗、小花分化期延迟 13～15 天，吐丝期延迟 12 天，因而产量低。追肥可促使雌穗良好发育，增加小花数。

3. 密度

雌穗分化的速度和穗的大小与种植密度关系密切，高密度群体的植株比低密度群体的植株，花原基形成完全发育的小花少，有些小花抽不出花丝。所以败育花、败育粒多，穗子小。

4. 光照

光照不充足对穗的分化和发育影响很大，吐丝期光照不足，未成熟花和未受精花增加。籽粒形成期和灌浆速度期光照不足，败育粒增多。

七、玉米的产量形成

玉米的经济产量是由穗数、穗粒数和粒重所组成。高产是三者最适组合的结果。

穗数：玉米是独秆大穗，单株生产力高的作物，增加种植密度，是增加每公顷穗数最有效的易行措施。雌穗败育的临界期是吐丝期前后。性器官形成期至吐丝后 10 余天内决定每株穗数的时期，其中吐丝前后为关键时期。

穗粒数：穗粒数的多少，取决于雌穗分化的小花数，受精的小花数以及授粉后的小花能否发育成有效的粒数。雌穗分化的小花数是决定粒数的前提，吐丝后 5～10 天是最后确定总花数的适宜时期。从吐丝至灌浆高峰期是有效粒数决定时期，其中以吐丝到吐丝后 14 天为关键时期。

粒重：粒重的高低取决于"籽粒库容"的大小、灌浆速度及灌浆时间。籽粒库容（籽粒体积）决定于粒重的最大潜力，而灌浆速度和灌浆持续期则决定粒重最大潜势可能实现程度。吐丝至授粉后 35 天是决定粒重的时期，其中授粉后 12～35 天是决定粒重的关键时期。

第二节 玉米播种技术要点

一、播前准备

1. 前茬处理

(1) 土壤墒情 收获前茬小麦时应注意田间土壤含水量。田间持水量低于 75% 时，小麦联合收割机的碾轧对下茬玉米苗无显著不良影响，但田间持水量在 80% 以上时，轮轧带表层土壤迅速坚硬板结，严重影响出苗。

(2) 麦茬高度 留茬高度应不超过 20 厘米，过高不利于后茬玉米生长。

(3) 麦秸处理 选用带有麦秸粉碎与抛撒装置的小麦联合收割机，麦秸粉碎长度应在 10 厘米以下，抛撒均匀。若无抛撒装置，则人工抛撒均匀，或将其移位于准备播种的玉米行间，以利于玉米播种和保墒。

2. 确定良种

(1) 根据实际种植情况选择通过审定的品种 注意适应性、产量、品质、抗性（抗病、抗虫、抗逆）节水等综合性状的选择，尽量避免光热资源浪费和成熟度不足等情况的发生。

黄淮海北部（京津唐地区）夏玉米选择所在区域审定的品种，有郑单 958、浚单 20、京科 68、中单 909、京单 38、中科 11、农华 101、蠡玉 35 等。黄淮海中部夏玉米选择的品种有郑单 958、浚单 20、伟科 702、吉祥 1 号、登海 605、先玉 335、中科 11、蠡玉 16、蠡玉 35、洛玉 8 号等。黄淮海南部夏玉米优先选择耐密、抗倒、在当地已种植并表现优良的品种，可供选择的品种有郑单 958、浚单 20、伟科 702、吉祥 1 号、先玉 335、蠡玉 16、苏玉 20、隆平 206、登海 605、益丰 29 等。

（2）选择优质种子 注意查看种子的四项指标（纯度、芽率、净度、水分）是否符合国家标准。国家大田用种的种子标准是：纯度≥96％、芽率≥85％、净度≥99％、水分≤13％。并注意优先选择发芽势高的种子，夏玉米多采用单粒点播，要求芽率更高。

（3）注意品种搭配 在较大种植区域内应考虑不同品种的搭配种植，起到互补作用，提高抵御自然灾害和病虫害的能力，实现高产稳产。同时注意因地选种，水肥条件好的地区可选耐密高产品种；根据当地气候特点和病虫害流行情况，尽量避开可能存在的品种缺陷；套种时可选比直播生育期略长的品种；干旱地区应适当选用早熟品种。优选在当地已种植并表现优良的品种，如郑单 958、登海 605 等。

3. 种子处理

尽量购买经过精选、分级和包衣的种子，如购买了未包衣的种子，要做好处理。

（1）精选种子 剔除小粒、秕粒、碎粒、杂质及病虫粒，选留大小均匀、色泽一致、具备该良种特点的丰满籽粒作种子。

（2）翻晒种子 播种前 1 周，选晴天把玉米种子薄薄地摊开，连续 2～3 个半天。晒种可杀死附着于种子表面的病菌，减轻玉米病害，增强种子活力，提高种子发芽势和发芽率，提早 2 天左右出苗。但晒种时切记不要在水泥地或铁板上进行，免得烫伤种子。

(3) 浸种 先将种子放在冷清水中浸泡 12～14 小时，再放入 50℃ 的温水中浸泡 6～12 小时，此后再用 500 倍的磷酸二氢钾溶液浸泡 8 小时即可。这样能够加强种子的发芽势和生长势，促使玉米快出苗、出全苗、出壮苗。

(4) 种子包衣 种子包衣是防治苗期地下害虫、苗期病害和玉米丝黑穗病的有效措施。是确保一次播种得全苗的重要措施之一。种衣剂选用正规厂家生产的产品，选用有效成分含量高、使用安全、效果好。种衣剂的剂型不同，各玉米产区生态条件、病虫害种类及品种抗病性也不同，要因地制宜地进行选用。种子包衣一般在播种前 7～10 天进行。不提倡直接购买杀虫、杀菌剂简单包衣，以免造成药害降低种子的活性和适应性。一般用吡虫啉、丙硫克百威、毒死蜱、氯氰菊酯、顺式氯氰菊酯、辛硫磷可预防地下害虫，如蝼蛄、蛴螬、金针虫、地老虎等。用吡虫啉、噻虫嗪、乙酰甲胺磷可预防蚜虫、蓟马、灰飞虱、黏虫。用福美双、克菌丹、多菌灵、精甲霜灵、三唑酮可预防苗期病害。包衣剂和种子按一定比例均匀地将其涂附在种子外表，晾干成膜后播种。

(5) 药剂拌种 如果不用种衣剂进行包衣，可用 15% 三唑醇可湿性粉剂，按种子量的 0.4% 拌种，防治丝黑穗病和苗期病害。用 50% 的辛硫磷，按种子量的 0.2% 拌种，防治地下害虫，具体做法是：1 千克药加 50 千克水，拌 500 千克种子、闷 2～3 小时，阴干后播种。

4. 播期确定

衡水地区夏播区为冬小麦—夏玉米一年两作，玉米播种不受温度限制，播种时间的确定应遵循以下原则：

（1）套种玉米结合小麦浇麦黄水，在小麦收获前 5 天左右播种。

（2）麦收后免耕播种，应及时抢播，若延迟则有芽涝风险；在粗缩病重发区，可以根据情况调整播期，以错过灰飞虱高发时间，减少粗缩病的发生。足墒播种，土壤墒情不足时，也可先播种后浇水（浇"蒙头水"或称"出苗水"），提早播种。

（3）根据小麦播种时间和玉米生育期，控制玉米最晚播种时间。

（4）粮饲兼用型青贮玉米可比最晚播种时间推迟 15～20 天。

5. 肥料准备

（1）玉米的需肥量 玉米施肥的增产效果取决于土壤肥力水平、产量水平、品种特性、生态环境及肥料种类、配比与施肥技术等。

玉米对氮磷钾的吸收总量随产量水平的提高而增多。在多数情况下，玉米一生中吸收的养分，以氮为最多，钾次之，磷最少。每生产 100 千克籽粒需从土壤中吸收纯氮（N）2.57～3.43 千克，五氧化二磷（P_2O_5）0.86～1.23 千克，氧化钾（K_2O）2.14～3.26 千克。氮：磷：钾三者比例为 1：0.36：0.95。化肥当季利用率为氮 30％～35％、磷 10％～20％、钾 40％～50％。夏玉米一般大田水平下，每亩可施磷酸二铵 6～10 千克、尿素 15～25 千克、氯化钾 5～10 千克。

在确定玉米的施肥量时，要综合考虑玉米的栽培类型、品种特性、产量水平、土壤和气候条件等因素。

（2）**施肥原则** 建议根据土壤肥力进行测土配方施肥，坚持有机肥与化肥并重；追肥为主，基肥并重，种肥为辅；有机肥用作底肥，磷钾肥早施，追肥分期施的原则。有利于持续提供土壤肥力和改善土壤结构。

（3）**施肥方法** 夏玉米由于贴茬播种，一般不施基肥，种肥用量不大，追肥重要。一般氮肥大部或全部用作追肥，保证 2 次。第一次在定苗后，抓紧追促苗肥，以氮磷速效化肥为主，达到既发苗又稳长之目的；第二次追肥应在拔节后至大喇叭口期，以重施氮肥为主，用量为第一次氮肥用量的 2 倍，以保证穗分化对氮肥的大量需要。并在施肥后覆土，结合灌溉以提高肥效。微量元素硫酸锌应该提倡施用，在高产地块、长期不施有机肥和缺锌的土壤，要注意通过增施农家肥和基肥亩施 1～2 千克硫酸锌或每亩叶面喷施锌肥 0.5 千克来预防缺锌。

现在种肥一体播种机很受农户欢迎，播种时施入全部磷、钾肥和 40％氮肥，拔节至大喇叭口期施入剩余的 60％氮肥。

二、播种技术

1. 适时早播

小麦收获后及时抢墒播种，越早越好，一般不晚于 6 月 18 日。

2. 合理密植

玉米确定种植密度宜在推荐密度（4 000～5 000 株/亩）范围内选择，即一般不超上、下限。具体要根据品种特性、气候条件、土壤肥力、灌溉条件、施肥水平、播种季节和收获目的等条件确定实际种植密度。一般来说，生育期短、叶片直立、抗倒、小穗型的矮秆品种可适当密些，反之稀些；土层深厚，土壤肥力高，施肥管理水平高的地区密些，反之宜稀些，春玉米生育期长，叶片数多，宜稀些；夏玉米生育期短，叶片数少，宜密些；同一品种收获籽粒的比收获鲜苞的宜密些。

根据当地的生产水平，认为合理密植的范围一般是：早熟矮秆品种以每亩 4 000～4 500 株为宜。株型紧凑地力条件好的以每亩 4 500～5 000 株为宜。甜玉米一般每亩 3 000 株左右；糯玉米若是采收鲜苞的，一般每亩 3 000～3 500株。

3. 种植方式

玉米的种植方式很多，在冀州区多采用等行距种植方式，行距相等，每穴留单株。考虑到田间作业与机械收获的需要，一般行距 50～65 厘米，株距 20～30 厘米，视种植密度而定。这种种植方式的优点是植株分布均匀，可充分利用地力和阳光，水分蒸发少。

玉米播种

4. 机械播种技术要求

一次播种保全苗是实现玉米高产、稳产的前提，播种作业时应考虑播种量、种子在田间的分布状态、播种深度和播后覆盖压实程度等农艺要求，先试播，待符合要求后再进行大田播种作业，以保证播种质量。

（1）播量　根据种子发芽率、种植密度要求等确定，要求排种量稳定，下种均匀。单粒播种的需种量按下式计算：玉米需种量（千克）＝计划种植面积（亩）×计划种植密度（株/亩）×种子千粒重（克）/（种子出苗率×10^6）。

（2）播深　根据土壤墒情和质地确定，以镇压后计算。做到播种深浅一致，种子播入湿土。播种深度控制在3～5

厘米，黏质土壤适当浅些，沙质土壤适当深些；墒情好的浅一些，墒情差的深些；若播后浇"蒙头水"，可适当浅些。

（3）种肥同播 玉米"种肥同播"技术是在玉米播种时，按有效距离，将种子、化肥一起播进地里，具有省工省时省力，提高肥效利用率，确保玉米苗齐苗壮，增加产量的作用。机械采用种（底）肥异位同播机播种。种肥要选用含氮、磷、钾三元素的复合肥，最好是缓/控释肥，可以减少烧种和烧苗。化肥集中施于根部，会使根区土壤溶液盐浓度过大，土壤溶液渗透压增高，阻碍土壤水分向根内渗透，使作物缺水而受到伤害。所以要保持种子、肥料间隔5厘米以上，最好达到10厘米。种肥播量一般不超过25千克/亩，如果能及时浇水，而且保证种肥间隔5厘米以上时，播量可以达到30～40千克/亩。

（4）浇蒙头水 抢墒播种的夏玉米，水分条件不是很好，为保证出苗，播后及时浇蒙头水，采用喷灌的形式既节水出苗效果又好。

三、苗前化学除草

在玉米播种后出苗前土壤较湿润，墒情较适宜时，趁墒对玉米田进行"封闭"除草。冀州区大部分在"蒙头水"后能进地时喷施。应仔细阅读所购除草剂的使用说明，既要保证除草效果，又不影响玉米及下茬作物的生长，严禁随意增加或减少用药量。使用除草剂时，注意不重喷、不漏喷，以土壤表面湿润为原则，利于药膜形成，达到封闭地面的作用。如果播种时田间地头有绿色杂草，可混合适量草甘膦施用。作业时尽量避免在中午高温（超过 32℃）前后喷洒除草剂，以免出现药害和人畜中毒，同时要避免在大风天喷洒，避免因除草剂飘移危害其他作物。

苗前除草剂的安全性较高，较少产生药害。但是，盲目增加药量、多年使用单一药剂、几种除草剂自行混配使用、施药时土壤湿度过大、出苗前遭遇低温等情况下也会出现药害。常见药害表现为种子幼芽扭曲不能出土；生长受抑制，心叶卷曲呈鞭状，或不能抽出，呈 D 形；叶片变形、皱缩；叶色深绿或浓绿；初生根增多，或须根短粗，没有次生根或次生根稀疏；根茎节肿大；植株矮化等。

一般土壤墒情好的地块适宜采取苗前封闭除草，干旱的地块可选苗后除草。

四、苗期防治病虫害

在玉米播后出苗前使用杀虫剂，杀灭麦茬上的害虫和地下害虫。采用种子包衣或每亩用 50% 辛硫磷乳油 200～250 克加细土 25～30 千克拌匀后顺垄条施，或用 3% 辛硫磷颗粒剂 4 千克对细沙混合后条施防治地下害虫；用 3% 苯醚甲环唑悬浮种衣剂（敌萎丹）按 0.5：100 拌种或用 25% 粉锈宁按 0.3% 剂量拌种，防治黑穗病、纹枯病和全蚀病。

第三节　玉米苗期管理技术

一、苗期发育特点及管理技术

1. 苗期生长发育特点

玉米从出苗到拔节这一阶段为苗期。苗期是以长根、分化茎叶为主的营养生长阶段，此期玉米以营养生长为核心，地上部分生长相对缓慢，根系生长迅速。

玉米苗期

2. 田间管理的主攻目标

主攻目标为控上促下，促进根系生长，保证全苗、匀苗、培育壮苗，为高产打下基础。

3. 生产管理技术

（1）查苗补苗保全苗　由于种子的质量和鼠类、虫类的危害，玉米播后会出现不同程度的缺苗，应及时查苗、补苗。若缺苗较多应及时补种，补种的种子应先进行浸种催芽，以促其早出苗。如果缺苗不多，可采用移苗补栽的办法。移栽时间应在晴天下午或阴天进行，最好是带土移栽，有利于提高成活率。

（2）适时定苗，去杂去劣　玉米早间苗，原则是去弱留强、间密存稀、留匀留壮。适时定苗，可避免幼苗拥挤和相互遮光，节省土壤水分和养分，有利幼苗苗壮生长。一般在2片展开叶时定苗，定苗时要留壮苗、匀苗、齐苗，去病苗、弱苗、小苗、自交苗。如地下害虫较多，应增加间苗次数，适当延长定苗时间，以保全苗，但最晚不宜超过6片叶。定苗应选在晴天的下午进行，因为病害、虫害及生长不良的苗经中午日晒，已发生萎蔫，易识别。

（3）留苗密度　紧凑型品种每亩留苗4 500～5 000株，半紧凑型品种每亩留苗4 000～4 500株。

（4）蹲苗促壮　蹲苗的作用在于给根系生长创造良好的条件，促进根系发达，提高根系的吸收和合成力，适当控制地上部的生长，为下一阶段株壮、穗大、粒多打下良好基础。蹲苗应从苗期开始到拔节前结束。蹲苗应掌握"蹲黑不蹲黄，蹲肥不蹲瘦，蹲干不蹲湿"的原则。

（5）水分管理　玉米苗期植株对水分需求量不大，可忍受轻度干旱胁迫。因此，苗期除瘦地、底墒不足、幼苗生长瘦弱情况下，一般情况下不需要灌溉。遇涝应及时排水。

（6）追施苗肥　播种时未施种肥或底肥的地块，苗期可追施苗肥。苗肥具有促根、壮苗，促叶，壮秆的作用。苗肥一般在定苗后开沟施用，避免在没有任何有效降水的情况下地表撒施。施肥量可根据土壤肥力、产量水平、肥料养分含量等具体情况来确定，如果后期不再追肥，也可配比一定比例的长效尿素或缓释尿素。

4. 防治病虫害

（1）玉米蓟马和瑞典麦秆蝇一般混合发生，危害情况相似 用 10％吡虫啉 2 000 倍液或 4.5％高效氯氰菊酯 1 000 倍液喷施防治。注意心叶和叶背着药。扭曲严重的玉米苗喷药前应先掐断顶端叶片，以利于着药，利于玉米恢复生长。

（2）二点委夜蛾 可用 50％辛硫磷乳油 500～800 倍液灌根或用 50％辛硫磷乳油 1 千克拌炒香的棉籽饼 15 千克，制成毒饵于傍晚顺垄撒施，同时兼治地下害虫。

（3）玉米粗缩病 做好田间灰飞虱的防治。及时防治田间及地边、沟渠杂草上的灰飞虱，可用 10％吡虫啉可湿性粉剂或 2.5％功夫菊酯乳油 1 500 倍液喷雾进行防治，一般每隔 7 天用药 1 次，连续用药 2～3 次。同时在玉米一叶一心期，用 1.5％植病灵Ⅱ号 800～1 000 倍液进行叶面喷雾。

二、自然灾害及处理措施

1. 干旱

（1）典型症状 播种至出苗阶段，表层土壤水分亏缺，种子处于干土层，不能发芽和出苗，或造成缺苗；播种、出苗期向后推迟；出苗的地块由于干旱苗势弱、植株小、发育迟缓，群体生长不整齐。

（2）**处理措施**　干旱常发生地区加强基本农田水利建设；增施有机肥、深松改土、培肥地力，提高土壤缓冲能力和抗旱能力；因地制宜采取蓄水保墒耕作技术，建立"土壤水库"；选择耐旱品种；抗旱播种：抢墒播种、免耕播种，抓紧播前准备工作，等雨待播。干旱发生后具体措施：

①分类管理　出苗达70％以上地块，推迟定苗、留双株、保群体；出苗50％以上的地块，尽快发芽坐水补种或移栽；缺苗在60％以上地块，改种早熟玉米、青贮玉米或其他熟期短的作物。

②采取措施，充分挖掘水源、全力增加有效灌溉面积。

③加强田间管理　已出苗地块要早中耕、浅中耕，减少土壤蒸发。

2. 涝渍

（1）**典型症状**　玉米在萌芽和幼苗阶段特别怕涝。播种至三叶期发生芽涝，抑制根系生长，叶片萎蔫、变黄、生长缓慢和干重降低，甚至幼苗大面积死亡。地势低洼、土壤黏重、降雨频繁地区易发生。

（2）**处理措施**　苗期涝害常发地区，注意配套排灌沟渠；选用耐涝品种；调整播期，使最怕涝的敏感期尽量赶在雨季开始之前；平整低洼地；采用垄作等适宜的耕作方式。涝害发生后，应及时评估涝害损失，并及时采取措施：

①及时排涝，清洗叶片上的淤泥。

②浅中耕、锄划，通气散墒。

③及时追施速效氮肥，如硫酸铵、碳酸氢铵，补充土壤

养分损失，恢复根系生长，促弱转壮。

④死苗 60％以上时，重播或改种其他作物。

3. 风灾倒伏

（1）典型症状　沙尘天气造成幼苗被沙尘覆盖、叶片损伤。风灾造成幼苗倒伏和折断；土壤紧实、湿度大以及虫害等影响根系发育，造成根系小、根浅，容易发生根倒。苗期和拔节期遇风倒伏，植株一般能够恢复直立。

（2）处理措施

①选用抗倒品种，深松土壤、破除板结。

②风灾较重地区，注意适当降低种植密度，顺风方向种植玉米；播种深度适当加深。

③苗期倒伏常伴随降雨多、涝害，灾害后及时排水。

④加强管理，如培土、中耕、破除板结，还可增施速效氮肥，提高植株生长能力。

4. 高温

（1）典型症状　苗期高温幼嫩叶片从叶尖开始出现干枯，导致半叶甚至全叶干枯死亡；高温使叶片叶绿体结构破坏，光合作用减弱，呼吸作用增强，消耗增多，干物质积累下降；植株生长较弱，根系生理活性降低，易受病菌侵染发生苗期病害。

（2）处理措施

①高温常发地区，注意选育推广耐热品种；调节播期，使开花授粉期避开高温天气；适当降低密度，宽窄行种植，培育健壮植株。

②适期喷灌水，改变农田小气候。

5. 冰雹

（1）典型症状　直接砸伤玉米植株，冻伤植株；土壤表层被雹砸实，地面板结；茎叶创伤后感染病害。危害程度取决于降雹块大小和持续时间。预防措施：完善土炮、高炮、火箭等人工防雹设施，及时预防、消雹减灾。灾后尽快评估对产量的影响。

（2）处理措施

①苗期灾后恢复能力强，只要生长点未被破坏，都能恢复生长，慎重毁种。

②及时中耕松土，破除板结、提高地温，增加土壤透气性；追施速效氮肥（每亩施尿素 5～10 千克）；新叶片长出后叶面喷施磷酸二氢钾 2～3 次，促进新叶生长。

③挑开缠绕在一起的破损叶片，使新叶能顺利长出。

④警惕病害发生。

三、除草剂的施用

玉米田苗后除草剂包括两大系列，即选择性除草剂和灭生性除草剂。

1. 选择性除草剂

使用较普遍的为磺酰脲类除草剂。磺酰脲类选择性除草剂，在玉米出苗后，杂草基本出齐后开始防治，除草效果较好，但使用时应注意以下几点：

（1）玉米三至五叶期、杂草二至四叶期，喷药可以全田喷雾，只要严格使用浓度，对玉米基本无不利影响；玉米超过五叶期以后，因玉米心叶对其较敏感，应带防护罩喷雾，尽量不使药液溅到喇叭口内，避开玉米心叶，防止药害发生。

（2）有机磷药剂处理过的玉米对该类除草剂敏感，两药剂的安全间隔期为 7 天，若田间有虫害发生可与菊酯类农药混用。

（3）当玉米超过 8～10 叶以上时，田间杂草叶龄已大，使用该类除草剂一方面除草效果不理想，稍不留心玉米易出药害，另一方面亩成本增加，因此可选择使用草甘膦等灭生性除草剂进行行间定向喷雾。另外，使用磺酰脲类除草剂时还应注意须将杂草喷至将滴水为宜，天旱多喷水，雨水充足则适当少喷水。

2. 灭生性除草剂

灭生性除草剂如草甘膦等防除大叶龄杂草效果好，但掌握不好防治要领则药害严重。生产中应用广泛的草甘膦是有机磷类灭生除草剂，其内吸传导性很强，喷洒药剂后通过绿色部分吸收向下传导，最终使地上茎叶和根系均死亡，除草彻底。在果园、沟渠、路边应用较广泛，近 1～2 年开始在玉米田使用，使用不当则损失惨重。因此在使用灭生性除草剂灭草时应注意以下几点：

（1）玉米田使用应掌握株高在 1 米以上，带上防护罩压低喷头进行行间定向喷雾，不使药液溅在叶片和绿色茎秆上，更严禁溅到喇叭口内。

（2）一旦误喷应立即用清水喷洗，发生药害轻者立即浇水，同时喷洒九二〇或硕丰481等解除药害，重者考虑毁种其他作物。

（3）为提高除草效果、节省用药量可适量加入高金等增效剂或柴油、洗衣粉等。

第四节　玉米穗期管理技术

一、穗期发育特点及管理技术

1. 穗期生长发育特点

玉米从拔节到抽雄穗这一阶段为穗期。穗期玉米地上部分茎秆和叶片以及地下部分次生根生长迅速，同时雄穗和雌穗相继开始分化和形成，植株由单纯的营养生长转向营养生长与生殖生长并进，是玉米一生当中生长最旺盛的时期，也是玉米一生中田间管理的重要时期。

2. 田间管理的主攻目标

促秆壮穗，保证植株营养体生长健壮，叶茂根深、果穗发育良好，生长整齐，力争穗大、粒多。

3. 生产管理技术

（1）穗期追肥　玉米穗期追肥一般进行两次：第一次在生产上称为攻秆肥，追施攻秆肥的目的是保证玉米植株健壮生长，促进玉米雌雄穗顺利分化。第二次在生产上称攻穗肥，攻穗肥对保证玉米增产极为重要，对决定果穗的多少和每穗粒数的多少有很大作用。

进入穗期阶段，植株生长旺盛，对矿质养分的吸收量最

玉米拔节期

玉米大喇叭口期

多、吸收强度最大，是玉米一生中吸收养分的重要时期，也是施肥的关键时期。在拔节前后追施生产上称攻秆肥，有保证叶片茂盛、茎秆粗壮，促进玉米雌雄穗顺利分化的作用；

在抽雄前即大喇叭口期追施，生产上称为攻穗肥，可有效促进果穗小花分化，实现穗大粒多。主要是追施速效氮肥，一般占总氮量的60%，追肥量与时期可根据地力、苗情等确定，若长势差、肥料充足，可以在拔节期和大喇叭口期两次追肥，肥料不足则在拔节期一次追肥；玉米长势好、地力强、基肥足，可在大喇叭口期追肥1次。追肥时应在行侧距植株12厘米范围开沟深施或在植株旁穴施，深度在10厘米以上为好，施肥后覆土。如在地表撒施时一定要结合灌溉或有效降雨进行，以防造成肥料损失。

有条件的地方可采用中耕施肥机具进行施肥，一机完成开沟、排肥等多道工序，可显著提高化肥的利用率和作业效率。

（2）合理灌溉 玉米拔节后，雌雄穗开始分化，茎叶生长迅速，玉米植株对水分的需求量增大，干旱会造成果穗有效花数和粒数减少，还会造成抽雄困难，形成"卡脖旱"。穗期若天气干旱，土壤缺水，及时进行灌溉。灌溉次数可根据玉米生长发育的情况和干旱程度，灌一次或两次。

（3）中耕 中耕是在玉米生长期间进行田间管理的重要措施，主要目的是促进地下部分生根发育，有效防止因根系发育不良而引起的倒伏，掩埋杂草，及时追施肥料，改善土壤状况，蓄水保墒，提高地温，促使有机物的分解，为玉米生长发育创造良好的条件。中耕应该根据土壤条件、玉米生长状态和实际需要确定，在施入攻秆肥后随即进行中耕，将肥盖上，结合灌溉，更能发挥肥效，促进雌、雄穗分化并缩短二者出现的间隔时间。到孕穗期，中耕结合重施攻穗肥，根据墒情再灌一次水，效果更好。

铲地除草时应结合去蘖（掰杈）。分蘖一般不结果穗徒然消耗养分和水分，所以必须及时去蘖。去时要防止松动主茎根系，同时，要彻底从叶腋基部拔除干净，以免再生。

（4）病虫害防治 进入穗期是各种病虫害的盛发期，如遇多雨雾、低温天气，大斑病、纹枯病易大流行；若此时期遇高温多雨，弯孢菌叶斑病发生重；玉米大喇叭口期多雨，玉米细菌性茎腐病发生偏重；此外，伤口增加瘤黑粉、细菌性茎基腐病的发生概率。害虫主要有二代黏虫、玉米螟、蚜虫等。具体防治措施：

①玉米大斑病和小斑病 用40%克瘟散乳剂500～1 000倍液、50%退菌特可湿性粉剂800倍液、50%甲基硫菌灵500～800倍液，喷雾防治。施药应在发病初期开始，这样才能有效地控制病害的发展，必要时隔7天左右再次喷药，连续防治2～3次。

②玉米纹枯病 发病初期喷施药剂，多用于玉米基部，注意保护叶鞘。田间病株率达到3%～5%时，每亩用5%井冈霉素水剂400～500毫升，或50%消菌灵可湿性粉剂40克，兑水50～70千克喷雾，隔7～10天再防治一次。

③弯孢菌叶斑病 发病初期用50%多菌灵或75%代森锰锌100克/亩喷雾。如气候条件适宜发病，7天后喷洒第二次。

④细菌性茎腐病 发病初期用72%农用链霉素4 000倍液或5%菌毒清水剂1 000倍液进行防治。

⑤黏虫 玉米田在幼虫3龄前，以20%杀灭菊酯乳油

15～45 克/亩，兑水 30 千克喷雾，或用 4.5% 高效氯氰菊酯 1 000～1 500 倍液、2.5% 功夫菊酯 1 500～2 000 倍液喷雾防治。

⑥玉米螟　于玉米喇叭口期采用"三指一撮"法：以 3% 毒死蜱颗粒剂或 1.5% 辛硫磷颗粒剂按每亩 1.5～2 千克用量丢心，防治效果明显。也可使用生物防治，于心叶中期撒施白僵菌颗粒剂，即将含菌量为 50 亿～500 亿/克的白僵菌孢子粉 0.5 千克与过筛的煤渣 5 千克拌匀，撒施于玉米心叶中。

⑦蚜虫　70% 吡虫啉水分散粒剂 1～1.5 克/亩；2.5% 高效氯氟氰乳油 225 毫升/亩；35% 吡虫啉悬浮剂 3～5.5 克/亩；2.5% 溴氰菊酯乳油 15 毫升＋70% 吡虫啉水分散粒剂 1～1.5 克/亩；10% 氯氟氰菊酯乳油 15 毫升或 48% 毒死蜱乳油 40 毫升/亩，兑水叶面喷雾。

注意保护利用天敌控制害虫。玉米不仅是多种害虫发生的农作物，而且也是多种天敌栖息繁殖的场所，保护好玉米田天敌不仅有利于控制玉米害虫，而且为翌年害虫天敌发生提供更多虫源，应注意保护利用。当益害比失调，应该采用生物药剂防治。

二、自然灾害及处理措施

1. 风灾倒伏

（1）症状与危害　7、8 月局部的短时狂风常会伴随强降雨，造成玉米倒伏或茎折。在大喇叭口期或以前发生倒伏，程度较轻的植株可自然恢复直立生长。玉米抽雄期前后倒伏的玉米，植株恢复直立生长的能力变弱，相互倒压，影响光合作用，应当及时扶起并培土固牢。

（2）处理措施

①风灾倒伏常发区注意合理密植；土壤深松，破除板结；增施有机肥和磷，钾肥，忌偏肥，拔节期避免过多追施氮肥。

②喷施玉米生长调节剂。

③通常风灾伴随雨涝，受灾后应及时排水，扶直植株，培土，中耕，破除板结，可适时增施速效氮肥，加速植株生长。

④防控玉米螟等病虫害。

⑤对茎折玉米要及时拔除，可做青饲料。

⑥如果成熟前发生大面积的倒伏甚至是倒折，由于产量已基本形成，可以将数株捆在一起，但不要捆扎玉米叶片，以免影响光合作用，使植株相互支持，完成最后的籽粒灌浆进程，减少风灾带来的产量损失。

2.冰雹

（1）症状与危害　砸伤玉米植株，砸断茎秆；叶片破碎；冻伤植株；地面板结；茎叶创伤后感染病害；拔节与孕穗期茎节未被砸断，通过加强管理，仍能恢复。

（2）处理措施

①及时中耕松土，破除板结层，提高地温。

②追施速效氮肥和叶面喷肥，改善玉米营养条件。

③挑开缠绕在一起的破损叶片，以使新叶顺利长出。

④及时查苗，若穗节 20%～60%被砸断，应及时除掉

砸断的玉米株，70％以上砸断，可毁种其他作物。

3. 干旱

（1）典型症状与危害 穗期植株生长旺盛、受旱植株叶片卷曲、影响光合作用与干物质生产，并进一步由下而上干枯，植株矮化；吐丝期推后，易造成雌、雄花期不遇。抽雄前受旱，上部叶节间密集，抽雄困难，影响授粉；幼穗发育不好，果穗小，俗称"卡脖旱"。

（2）处理措施

①集中有限水源、实施有效灌溉，加强田间管理。

②喷叶面肥（如磷酸二氢钾 800～1 000 倍液）或抗旱剂（如旱地龙 500～1 000 倍液），降温增湿，增强植株抗旱性。

③加强田间管理。有灌溉条件的地块，灌后采取浅中耕，减少蒸发。

④干旱绝产地块及时青贮，割黄腾地，发展保护地栽培或种植蔬菜等短季作物。

4. **涝渍**

（1）典型症状与危害 抑制根系发育和吸收，引起根系中毒，出现发黑、腐烂；叶色褪绿，光合能力降低，同化产物向根系的分配减少；植株软弱，基部呈紫红色并出现枯黄叶，生长缓慢或停滞；雄穗分枝少，吐丝推迟，雌雄脱节，授粉困难，穗粒数减少，严重的全株枯死。

（2）处理措施

①尽快组织人力物力排除积水；清洗叶片上的淤泥；扶

正植株，清除倒折玉米株。

②中耕松土，破除板结。

③及时追肥，增施尿素等速效氮肥改善植株营养，恢复和促进其生长。

④加强对玉米螟、叶斑病、纹枯病和茎腐病等病害发生动态的监测与防治。

5. 高温热害

（1）典型症状与危害　高温减弱光合作用，增强呼吸消耗，干物质积累下降；加速生育进程，缩短生育期，穗分化时间缩短，雌穗小花分化数量减少，果穗变小。高温持续时间长，叶片将大量枯死。热害发生阶段，土壤水分不足或遇干热风，热害更重。

（2）处理措施

①高温常发区注意苗期蹲苗进行抗旱锻炼，提高耐热性。

②科学施肥，健壮个体发育，减轻高温热害。

③适期喷水、灌水，改变农田小气候。注意避免高温季节中午井水灌溉，骤然降温导致根系受损。

第五节　玉米花粒期管理技术

一、花粒期发育特点及管理技术

1. 花粒期生长发育特点

玉米花粒期是指从抽雄至成熟这一时期。进入花粒期，根、茎、叶等营养器官生长发育停止，继而转向以开花、授粉、受精和籽粒灌浆为核心的生殖生长阶段，是产量形成的关键时期。籽粒开始灌浆后根系和叶片开始逐渐衰亡直至成熟。

玉米抽雄期

2. 田间管理的主攻目标

保证授粉受精良好，防止倒伏和茎干早衰，最大限度地保证绿叶面积，维持较高的群体光合生产能力，促进籽粒灌浆，提高成熟度，争取粒多、粒饱，实现高产。

3. 生产管理技术

（1）看长相巧追攻粒肥　在抽雄至成熟期间所施用的肥料为花粒肥，主要作用是延长灌浆时间、防止后期植株早衰，保证籽粒饱满，提高千粒重，从而提高产量。粒肥主要适用于高产田和密度较高的地块以及后期易脱肥的地块，不是每个田块都需施用，应根据玉米长势、长相决定，如果发现叶色转淡，有早衰现象，甚至中下部叶片发黄有干枯可能

玉米吐丝期

时，应及时补追化肥。粒肥以速效氮肥为宜，也可采用磷酸二氢钾或尿素进行叶面喷肥，施肥量不宜过多。一般每亩可追尿素 7.5～10 千克，在玉米行侧深施或结合灌溉施用，或用磷酸二氢钾 0.2～0.5 千克＋尿素 0.5 千克兑水 50 千克，叶面喷施 1～2 次。

（2）加强水分管理 玉米抽雄到吐丝期耗水强度大、对干旱胁迫的反应也最敏感，是玉米一生当中的水分"临界期"。干旱发生的时间距离吐丝期越近，减产幅度也越大。吐丝期干旱主要影响植株正常的授粉、受精和籽粒灌浆，使秃尖增多，穗粒数减少，千粒重降低。所以，在生产当中要防止抽雄至吐丝期出现干旱，可根据天气情况灵活掌握灌溉。另外，玉米灌浆期遇旱也要及时灌溉以增加粒重。遇涝会使根的活力迅速下降，叶片变黄，也易引起倒伏，应注意做好排水。

（3）人工去雄 拔除雄穗能节省养分，改善养分运转方向，改善通风透光条件，降低株高和除去部分害虫，促进籽粒发育。可在雄穗刚抽出尚未开花散粉时拔除，去雄时间过早、过晚失去意义。去雄应注意：边行地头不去，山地、小块地不去，阴雨天、大风天不去，可采取隔行隔株去雄，注意去弱、去劣，总之去雄总株率不能超过 1/2。还有绝对不能带顶叶，否则减产。

（4）人工辅助授粉 在玉米抽雄至吐丝期间，低温、阴雨、寡照、干旱以及极端高温等不利天气条件常会导致雌雄发育不协调，影响正常的授粉、受精，减少穗粒数，最终导致减产，人工辅助授粉能保证正常授粉受精，提高结实率，减少秃顶，促进籽粒整齐度。一般在上午 9～11 点，边采粉，边授粉，连续进行 2～3 次，要注意异株授粉。生产上授粉的方法，采用摇株或用绳子拉株使之摇动以利传粉，达到授粉的目的。

（5）后期浅中耕 灌浆后若有条件可顺行浅锄一次，以破除土壤板结，松土透气，除草保墒，有利微生物活动和养分分解，促进玉米根系呼吸和吸收，防止叶片早衰，提高粒重。浅锄时要防止伤根过多和打断叶片。

（6）防治病虫害 玉米花粒期是植株生殖生长旺盛和籽粒产量形成的关键时期，玉米植株根系吸收的营养及叶片光合作用的产物甚至植株本身的营养成分都向果穗输送，植株的抗性降低，易受到病虫害的侵袭。该时期是各种叶斑病的发病时期和病毒病、瘤黑粉病、顶腐病、丝黑穗病、茎腐病等多种病害的显症时期，也是果穗害虫危害的高峰期。此时，田间玉米植株高大郁闭，加之夏季的酷热高温，现有的一般化学农药喷雾等技术措施虽有明显效果，但田间操作困难，防治成本相对较高，难以推广应用。所以，针对该时期玉米发生的病虫害应提前预防，首先要利用抗病品种，然后要通过种子处理防治种传和土传的病害，对气流传播的叶斑病在发病初期及时防治，对虫传病毒病需及时防虫。有条件的地方，可采用无人机进行飞防。

二、自然灾害及处理措施

1. 干旱

（1）典型症状　抽雄吐丝期干旱影响授粉、造成秃尖或空秆；籽粒灌浆阶段干旱使植株黄叶数增加，穗粒数减少，上部出现瘪粒，穗粒重下降。

（2）处理措施

①浇好抽雄灌浆水。

②干旱发生后，采取一切措施实施有效灌溉。

③叶面喷施含腐植酸类的抗旱剂或磷酸二氢钾。

④辅助授粉。

⑤注意防治红蜘蛛、蚜虫等干旱条件下易发生的虫害。

⑥对干旱绝产地块及时青贮；割黄腾地，发展保护地栽培或种植蔬菜等短季作物。

2. 涝渍

（1）典型症状 花粒期涝渍抑制根系生长和吸收，叶色褪绿、光合能力降低，穗粒数、千粒重下降；茎腐病、纹枯病、小斑病等发病严重。

（2）处理措施

①排水降渍，中耕松土，及时根外追肥。

②抽雄授粉阶段若遇长期阴雨天气，可人工辅助授粉。

③加强病虫害防治，消灭田间杂草。

④及时扶正倒伏植株，拥根培土。

3. 冰雹

（1）典型症状 直接砸伤植株，砸断茎秆，叶片破碎，冻伤植株；茎叶创伤后感染病害。砸到正灌浆的果穗，可导致籽粒与穗轴破损而霉变。叶片被打成丝状，但一般不会坏死，仍能保持一定的光合能力，受害略轻。

（2）处理措施

①雹灾后及时中耕松土，增加土壤透气性，提高地温，促进根系发育。

②如果70%以上植株穗节被砸断，可毁种其他作物。

4. 风灾倒伏

（1）典型症状 花粒期风灾倒伏后，光合作用下降，营养物质运输受阻，植株层叠铺倒，下层植株果穗灌浆进度缓慢，果穗霉变率增加，加上病虫鼠害，产量大幅度下降。茎折是植株茎秆在强风作用下发生折断，折断的上部组织由于无法获得水分而干枯死亡。

（2）处理措施

①抽雄授粉后倒伏植株相互叠加，自然恢复困难，要及时培土扶正，也可在结穗部位用细线绳多株捆扎，使植株相互支撑，以免倒压、堆沤。

②乳熟中期前茎折严重的田块，可将植株割除作青饲料；茎折轻的田块，应将折断茎秆植株尽早割除，保留其他未折株继续生长。乳熟后期倒伏，难以扶起的植株，可将果穗作为鲜食玉米销售，秸秆作为青贮饲料。

③蜡熟期倒伏，注意防治病虫鼠害，待机收获。减少因穗粒霉烂造成品质下降。

④玉米倒伏后易发生病害，可用 70% 甲基硫菌灵 800 倍液或 50% 多菌灵 500 倍液喷施，隔 7 天再喷一次。

5. **高温热害**

（1）典型症状 高温造成花粉活力降低、吐丝困难、雌雄不协调、授粉结实不良，秃尖增长；籽粒灌浆速率加快，但灌浆持续期缩短，千粒重下降，最终产量降低；生育后期高温加速植株衰亡。

（2）处理措施

①人工辅助授粉。

②适期喷灌水，改变农田小气候。避免高温天气中午井水灌溉，导致温度骤降损伤根系。

6. **阴雨寡照**

（1）典型症状 寡照降低玉米光合速率，影响物质生产，延迟抽雄和吐丝；不利于雄穗散粉、雌穗授粉和籽粒灌浆。

阴雨寡照使得田间温度低、湿度大，加之玉米生长弱，适宜于小斑病、茎腐病、锈病和穗粒腐等多种病害发生和蔓延。

（2）处理措施

①阴雨寡照常发生地区注意选用耐荫性好的品种、调节播期、合理密植；及时中耕、施肥，消灭杂草，健壮植株；喷施玉米生长调节剂，防倒、防衰。

②人工辅助授粉。

③综合防治病害。

④适时收获，避免后期多雨造成籽粒霉变。

三、夏玉米防早衰促早熟技术

1. 防夏玉米早衰管理技术

玉米早衰发生在灌浆乳熟阶段，田间主要表现为植株叶片枯萎黄化、果穗苞叶松散下垂、茎秆基部变软易折、粒重降低、假熟减产等。农民称之为"返秆"。一般多发生在壤土、沙壤土、种植密度较大和后期脱肥的田块；有些是镰孢菌茎腐病的黄枯类型，茎秆变软易折，根系枯萎，果穗下部叶片枯萎。

防早衰管理技术如下：

（1）选用抗早衰品种，确定适宜种植密度，玉米生长中后期及时拔除小株、弱株、不结实株，提高田间通风透光性。改善群体光照、水分及营养条件。

（2）科学施肥，按照"玉米一生中施 3 次肥，轻施苗肥、重施穗肥、补施粒肥，磷、钾肥早施、氮肥分期施"的原则进行科学施肥。生长后期如果出现早衰趋势，及时进行叶面喷肥。

（3）注意浇水，经常关注玉米田间墒情和近期的天气预报，如果田间有缺水迹象，而近期又无有效降雨，就要及时浇水。注意：如果遇有大风，应慎重浇水，避免引起玉米植株倒伏，造成更大的产量损失。遇涝及时排水。

（4）防治病虫害，及时防治玉米螟等害虫，特别是茎腐病。

2. 促夏玉米早熟管理技术

玉米贪青晚熟，是指由于播种过晚、苗期发育延迟、营养失调，碳、氮比值过小等原因影响了玉米的生长发育周期，出现营养生长过旺，生殖生长延迟，造成植株茎叶徒长，穗分化延长，抽穗推迟，生殖生长延后的现象。贪青晚熟的玉米一般叶色浓绿、成熟延迟，植株病虫害和倒伏严重发生，产量降低。另外，跨区引种、盲目引种、使用晚熟品种，也会造成正常年份玉米不能正常成熟，在非正常年份玉米减产甚至绝产，品质下降。

防止玉米贪青晚熟主要管理技术：

（1）选生育期适宜的品种及相应种植技术。

（2）适时早播，及时定苗，促进早期发育。增施钾肥，中后期喷施磷酸二氢钾，减少中后期氮肥投入。

（3）去除空秆和小株，打掉底叶。

（4）玉米灌浆结束后，将果穗内外皮剥开，促进籽粒成熟。带秆采收，促进后熟。

第六节　玉米收获期管理技术

一、玉米成熟标准

生理成熟是确定夏玉米收获期最为科学的依据，生理成熟有两个指标：一个是籽粒尖端出现黑层，并能轻易剥离穗轴。另一个指标是乳线消失。

玉米授粉后 30 天左右，籽粒顶部的胚乳组织开始硬化，与下部多汁胚乳部分形成一横向界面层即乳线。乳线随着干物质积累不断向籽粒的尖端移动，授粉后 60 天左右，果穗下部籽粒乳线消失，籽粒含水量降到 30％以下，果穗苞叶变白并且包裹程度松散，此时粒重最大，产量最高，是最佳的收获期。

玉米成熟期

在果穗苞叶刚发黄的蜡熟期收获，千粒重仅为晚熟期的90%左右。自蜡熟开始至完熟期，每晚收1天，千粒重增加1～5克，亩增加产量5～10千克。适当推迟玉米收获期简便易行，不增加农业生产成本，而且可以大幅度提高产量，是玉米增产增效的一项行之有效的技术措施。

玉米收获期

二、玉米机械收获

夏玉米机械化收获技术，是使用联合收获机械一次来完成对玉米的茎秆切割、摘穗、剥皮、脱粒、秸秆粉碎处理等生产环节的作业技术。

一般要选择晴天收获，根据历年来冀州区玉米收获的时期来看，玉米的收获日期大约为10月5～15日。收获后籽粒含水量一般在 25％～30％，要及时晾晒，籽粒水分降到 14％以下就可以安全入仓。

三、玉米收获后籽粒储存

玉米收获后的果穗和籽粒要及时晾晒或通风降水，场地较小堆放较集中的隔几天翻倒 1 次，防止捂堆霉变，玉米品质下降。

穗储：现在一般用铁丝网围成垛，用薄铁、石棉瓦做盖，建成永久性储粮仓，最好底部透气。

粒储：籽粒入仓前，采用自然通风和自然干燥，把籽粒水分降至 14％以内。

四、玉米收获后田间作业

1. 及时整地，翻耕与旋耕结合

用旋耕机旋耕 2 遍，将碎秸秆全部翻埋在土下，做到土碎地平，上虚下实；根据当地生产条件，2～3 年用大马力拖拉机带铧犁翻耕或深松 20 厘米以上。

2. 补充氮肥

在正常施肥情况下，每亩增施尿素 5～7 千克，翻耕或旋耕前将所有的肥料均匀撒在粉碎后的玉米秸秆上，调节碳氮比。

第二章
CHAPTER2 小麦节水栽培管理技术

第一节 小麦生物学特性

一、小麦的生育时期

小麦自出苗至成熟称为生育期。在冀州区一般从 10 月至翌年 6 月，大约 240 天的时间。在生产上，为便于栽培活动，把整个生育期分为若干生育时期：出苗期、分蘖期、越冬期、返青期、起身期、拔节期、孕穗期、抽穗期、开花期和成熟期。

依据小麦生长发育的属性和特点，可将小麦一生划分为三段生长，即营养生长、营养生殖并进生长和生殖生长。

（1）从种子萌发至返青期为小麦的营养生长阶段，主要生育特点是分蘖、长叶、盘根，决定穗数为主。

（2）起身期至孕穗期为营养生长和生殖生长并进生长阶段，主要生育特点是幼穗分化形成和根、茎、叶生长，决定穗粒数为主。

（3）抽穗期至成熟期为生殖生长阶段，主要生育特点是开花受精、籽粒形成和灌浆成熟，以决定粒重为主。

3 个阶段的生长中心不同，栽培管理的主攻方向也不同。

二、小麦播期的确定

适期播种可充分合理利用自然光热资源，是实现全苗、壮苗、夺取高产的一个重要环节。

播种过早，苗期温度较高，麦苗生长发育快，冬前长势过旺，不仅消耗过多的养分，而且分蘖积累糖分少、抗寒力弱、容易遭受冻害；同时，早播的旺苗还容易感病。播种过晚，由于温度低，幼苗细弱，出苗慢，分蘖少（甚至无分蘖），发育推迟，成熟偏晚，穗小粒轻，造成减产。适期播种，可以充分利用秋末冬初的一段生长季节，使出苗整齐，生长健壮，分蘖较多，根系发育好，越冬前分蘖节能积累较多的营养物质，为小麦安全越冬、提高分蘖成穗率和壮秆大穗打好基础。

适宜播期的原则是：要使小麦出苗整齐，出苗后有合适的积温，使麦苗在越冬前能形成壮苗。北方冬麦区常说的壮苗标准是：3大2小5个蘖（包括主茎共5个单茎）、10条根、7片叶（一般为6叶一心），叶片宽厚颜色深，趴在地上不起身。

播期与温度密切相关。一般小麦种子在土壤墒情适宜时，播种到萌发需要50℃的积温，以后胚芽鞘相继而出，胚芽鞘每伸长1厘米，约需10℃，当胚芽鞘露出地面2厘米时为出苗的标准。如果播深4厘米，种子从播种到出苗一共需要积温约为（50℃＋4×10℃＋2×10℃）＝110℃；如果播深3厘米则出苗需要积温为100℃。在正常情况下，冬前主茎每长一片叶平均需 70～80℃的积温，按冬前长 6～7叶为壮苗的叶龄指标，需要 420～560℃积温。加上出苗所需要的积温，形成壮苗所需要的冬前积温为 530～670℃，平均在 600℃左右。按照常年的积温计算，冬前能达到这一积温的日期就是播种适期。北方冬麦区在秋分播种均为适期，黄淮麦区在秋分至寒露初为宜，各地应根据当地的气温条件来确定。一般冬性品种掌握在日平均气温为 17℃左右时就是播种适期，半冬性品种可掌握在 14～16℃，春性品种为 12～14℃；一般冬性品种可适期早播，半冬性、偏春性品种依次晚播。总之，根据有效积温确定适宜播期，还要考虑到有关的土壤质地、肥力等栽培条件，进行适当调整。

三、小麦灌浆与环境条件的关系

1. 温度

灌浆的最适温度为 20～22℃，随温度升高灌浆过程加速。高于 25℃，籽粒脱水过快、缩短灌浆过程、淀粉积累少、粒重降低；温度高于 30℃，即使有灌水条件，也导致胚乳中淀粉沉积提前停止。华北地区小麦灌浆过程常出现30℃以上高温、叶片过早死亡、中断灌浆、严重影响粒重。灌浆期发生干热风，不仅影响正常授粉结实，且造成高温逼熟。晚熟品种灌浆后期，如雨后温度骤然上升，蒸腾作用加强，即出现逼熟现象，影响灌浆正常进行、粒重下降。

2. 光照

光照不足影响光合作用，并阻碍光合产物向籽粒转移。

光照条件对灌浆的影响，以灌浆盛期（开花后 12～15 天）最大，灌浆始期（10～12 天）次之，灌浆后期（开花后25～30天）较小。除天气条件外，高产田群体过大造成株间光照不足，亦是粒重降低的主要原因。因此，应特别注意建立合理的群体结构。

3. 土壤水分

土壤水分适宜能延长绿叶功能期，保证正常灌浆，对提高粒重有重要作用。一般适宜土壤水分含量为田间最大持水量的75％左右。研究表明，灌浆期间植株和籽粒含水量降到40％时，营养物质运转、积累达最低值，低于此值导致过早脱水和灌浆停止。土壤水分过多，也会影响根系活力及对氮素的吸收，降低籽粒的含氮量，粒重降低。在完熟期，白粒品种遇连阴雨，易导致穗发芽，籽粒品质下降。

4. 矿质营养

后期氮素不足影响灌浆过程；但氮素过多会过分加强叶的合成作用，抑制水解作用，影响光合产物由茎叶流向籽粒，造成贪青晚熟，降低粒重。磷钾可促进碳水化合物和氮素化合物的转化，有利于籽粒灌浆成熟，所以后期根外喷施磷、钾肥，可以提高粒重。

第二节　小麦播种技术

一、小麦播种季节的气候特点

秋高气爽，气温下降。

二、主攻目标

抓住适宜期，适时播种，力争一播苗全苗齐。

三、播前准备

1. 选用优质高产品种

适合冀州区种植的优质小麦品种有良星 66、衡观 35、石麦 15、邯 6172、济麦 22。

2. 及时保墒或浇足底墒水

前茬秋作物收获后若墒情适宜，则要在秋作物收获后及时翻耕、耙耱保墒；土壤墒情不足时，要在玉米收获前 10～15 天或收获后浇水，每亩浇水 40 立方米，适墒耙平。

四、播种技术

1. 细整地、深施肥

（1）整地质量直接影响小麦的播种质量和幼苗生长，因此，播前要精细整地。深耕可以打破犁底层，加深活土层，增强纳雨蓄墒能力，有利于小麦根系发育和提高产量。要充分利用大中型农业机械，尽量增加耕翻深度。同时机耕要和机耙结合，切实做到边耕翻边耙耱，要耙透、耙实、耙平、耙细，消灭明暗坷垃，切忌深耕浅耙。

（2）小麦生长发育所必需的氮、磷、钾、钙、镁、硫和微量元素营养主要是靠根系从土壤中吸收，其中氮、磷、钾三元素在小麦体内含量比较高，需要量大，对小麦生长发育起着极为重要的作用。整地前每亩施用纯氮 6～8 千克，五氧化二磷 8～10 千克，氧化钾 4～6 千克，硫酸锌 1～1.5 千克做底肥，结合深耕将肥料施入整个耕层，使其充分与耕层土壤混合，扩大肥料与根部的接触面。深耕 20 厘米或旋耕 2 遍，深度 15 厘米以上，做到上虚下实。

2. 适期播种

适期播种可使小麦各生长发育时期处在最适宜的气候条件下，能减少自然灾害危害，充分利用光、温资源。一般 10 月 6～16 日为适宜播种期，最迟不晚于 10 月 20 日，10 月 6～10 日播量为每亩 12～15 千克。10 月 10～16 日播量为每亩 15～18 千克，每推迟一天播量每亩增加 0.5 千克。播种深度为 3～5 厘米，播后根据墒情适当镇压。

小麦播种

3. 防治病虫害

播期病虫害重点是地下害虫、吸浆虫、纹枯病等种传、土传病虫害。

防治措施主要是土壤处理、药剂拌种或种子包衣。用50％辛硫磷乳油与水、种子按 1：50～100：500～1 000 的比例拌种，防治蛴螬、蝼蛄、金针虫；吸浆虫重发区，亩用3％辛硫磷颗粒剂 2～3 千克拌沙或煤渣 25 千克制成毒土，在犁地时均匀撒于地面翻入土中；用 3％苯醚甲环唑悬浮种衣剂（敌萎丹）50 克、25％戊唑醇悬浮剂（优库）30 克、25％三唑酮可湿性粉剂 30 克拌种 100 千克，可有效预防黑穗病、纹枯病、白粉病等。种子包衣也是防治病虫害的一项有效措施，各地应因地制宜，根据当地病虫种类，选择适当的种衣剂配方。

第三节　小麦苗期管理技术

一、苗期的气候特点

冷空气活动频繁，气温下降。

二、苗期生育特点

主要以长根、长叶、长蘖的营养生长为中心，完成春化阶段。

小麦出苗

小麦苗期

三、苗期主攻目标

在保证苗全、苗齐、苗匀的基础上，促苗早发稳长，培养冬前壮苗，处理好分蘖数量与质量的矛盾。为来年春季麦苗生长和争取穗多、穗大、粒多、粒饱奠定良好的基础。

四、苗期管理措施

1. 查苗补种、疏苗补缺，破除板结

小麦齐苗后要及时查苗，垄内 10～15 厘米无苗应及时补种，补种时用浸种催芽的种子，或疏密补缺，出苗前遇雨及时松土破除板结。

2. 控制旺苗

播种过早（10 月 5 日前），生长偏旺、群体过大或群体预计可能过大的麦田，划锄镇压的方法抑制小麦生长具有良好的效果。划锄可破除土壤板结，提高地温，消除杂草，减少土壤水分蒸发，为小麦根系活动创造适宜的土壤环境；三叶期镇压一遍可以抑制旺苗生长，促进小麦稳长。

3. 促进弱苗

播种较晚，基肥不足或地力较弱的麦田，可结合浇冻水亩追施尿素 7～8 千克，磷、钾肥不足的可沟施部分复合肥。分蘖数足的旺苗推迟水肥管理，或只浇水，少追肥或不追肥。晚苗后灌，原则上不分蘖的不灌。

4. 冬前防治杂草

冬前除草时间一般掌握在小麦 3 叶以后，大约在 11 月

中旬至 12 月上旬，但日平均气温低于 5℃防效差，不宜用药。对以阔叶杂草为主的麦田可采用 15%的噻磺隆、10%的苯磺隆等，亩用量 10～15 克兑水 30 千克；对于禾本科杂草发生重的麦田可用 6.9%精恶唑禾草灵（骠马）每亩 60～70 毫升或 3%甲基二磺隆乳油（世玛）每亩 25～30 毫升，兑水 30 千克，茎叶喷雾防治；阔叶杂草和禾本科杂草混合发生的可用以上药剂混合使用。

5. 适时浇好越冬水

在夜冻昼融，气温 4℃时浇冻水比较适宜。具体视苗情、土质、墒情灵活掌握，黏土地适当早浇，沙土地晚浇，底施氮肥不足的结合浇水补施。

6. 防止冻害，保证麦苗安全越冬

在干旱的冬季，镇压可起到保墒保温的作用，冬灌后，在挠麦松土的基础上，用竹耙在大行中顺垄把土搂盖在麦苗上，盖土 2 厘米左右即可。

7. 严禁放牧啃青

第四节　小麦返青期管理技术

一、返青期气候特点

天气渐暖，土壤开始解冻。

二、返青期生育特点

2 月中下旬小麦进入返青期，植株继续生根、长叶、分

蘖，开始穗分化，此期是促使晚弱苗升级、控制旺苗徒长、调节群体大小和决定成穗率高低的关键时期。

小麦返青期

三、返青期主攻目标

控制旺苗稳长保蘖，促弱苗早发稳长，长根增蘖，巩固冬前分蘖，控制无效分蘖，促进根系发育，协调个体与群体生长。

四、返青期管理措施

1. 锄划松土，保墒增温促早发

此措施针对于土壤干旱板结、群体较小、个体较弱的麦田。锄划必须把握好时机，最有利时机为顶凌期，即在表皮土化冻 2 厘米时开始锄划，称为顶凌锄划，此时保墒效果最好，有利于小麦早返青、早发根、促壮苗。划锄要注意质量，由浅及深，第一次划锄要适当浅些，以防伤根和寒流冻害，随气温逐渐升高，划锄逐渐加深，以利根系下扎，切实做到细、匀、平、透，不留坷垃，不压麦苗（深度为 2～4 厘米）。对于壮苗也要多锄松土，增温保墒，促进根系下扎，防止形成旺苗。

2. 镇压，提墒保墒，控旺转壮

此措施针对于土壤板结严重、整地粗放、有大裂缝、大坷垃的麦田和个体旺长、群体较大麦田。镇压具有压碎土块，弥合裂缝，沉实土壤，使土壤与根系密接起来，有利于根系的吸收，减少水分蒸发和避免冷空气侵入分蘖节附近冻伤麦苗的作用。在早春土壤化冻后进行镇压，促使土壤下层水分向上移动，起到提墒、保墒、抗旱作用；在起身期前后镇压长势过旺麦田，抑制地上部生长，起到控旺转壮、粗根壮蘖、防止倒伏的作用。再者，镇压要和划锄结合起来，应该是先镇压后锄划，以达到上松下实、提墒保墒增温的作用。镇压选择晴天中午进行，避免早晚镇压，防止压伤麦苗。

3. 因地因苗分类管理，科学运筹肥水

一般在衡水地区不提倡浇返青水，以免降低地温，影响土壤透气性延缓麦苗生长发育。但对于冬前长势较弱的三类苗*或地力差、早播徒长脱肥的麦苗，应酌情施返青肥，可

---

* 每亩总茎数 45 万以下，主茎叶 4 片以下，单株分蘖 1.5 个，单株次生根 2 条以下。叶色发黄，叶片窄短。

在地表开始化冻时抢墒追施（顶凌施肥）。一般每亩可追施尿素 10 千克左右，对于促进麦苗由弱转壮，增加亩穗数有重要作用。

4. 防除杂草

小麦返青至起身期，是用化学除草剂防治麦田杂草的最佳时机，因为此时，越冬杂草及早春杂草不大，晚春杂草尚嫩小，药液能够正常发挥药效，效果明显。当前麦田除草剂种类较多，要根据实际情况因地制宜选择除草剂。使用时要严格按照除草剂使用说明，用药量随温度高低及杂草多少而定，不可过量，兑水量要足。喷洒时选择晴天无风的傍晚，根据地势风向喷均匀，做到不重喷、不漏喷。

5. 防倒春寒

密切关注天气变化，在降温之前灌水，防止产生早春冻害。一旦冻害发生，要及时进行补救。主要补救措施：一是抓紧时间，追施肥料。对遭受冻害的麦田，根据受害程度，抓紧时间，追施速效化肥，促苗早发，提高 2～4 级高位分蘖的成穗率。一般每亩追施尿素 10 千克左右。二是及时适量浇水，促进小麦对氮素的吸收，平衡植株水分状况，使小分蘖尽快生长，增加有效分蘖数，弥补主茎损失。三是叶面喷施植物生长调节剂。小麦受冻后，及时叶面喷施植物细胞膜稳态剂、复硝酚钠等植物生长调节剂，可促进中、小分蘖的迅速生长和潜伏芽的快发，明显增加小麦成穗数和千粒重，显著增加小麦产量。

第五节　小麦起身期管理技术

一、小麦起身期的气候特点

春旱严重，风多风大，土壤蒸发快，常有冷空气入侵。

二、小麦起身期生育特点

3月中下旬小麦生长由匍匐性转为直立，此时进入起身期，这一时期亩茎数达到高峰，分蘖开始向两极分化为有效分蘖和无效分蘖。

小麦起身期

三、小麦起身期主攻目标

强壮个体，优化群体，争取穗大，穗多。

四、小麦起身期管理措施

1. 因地因苗制宜，合理运筹肥水

（1）弱苗麦田管理，以促为主 弱苗麦田，返青期没有采取肥水促进措施或措施不够的情况下，应以起身期为肥水主攻时期，结合浇起身水，重施起身肥，一般每亩追尿素10～20千克，磷酸二铵5千克。

（2）壮苗麦田的管理，促控结合 对一般壮苗麦田，若地力中等、群体适中、次生根较少的麦田，应重施起身肥水，以利于提高成穗率，促大蘖成穗，一般亩施尿素10～13千克，磷酸二铵5千克，钾肥10千克；若地力较高、个体壮、群体较合理，且又浇过冻水的高产麦田，一般在起身期不再进行水肥管理。

（3）旺长麦田的管理，以控为主 对于群体偏大的旺长麦田，起身期尽量不要施肥浇水，可将第一次肥水施用时间推迟到拔节期或拔节后期（4月上中旬）进行，以控制徒长，防止倒伏，促穗大粒多。

（4）旱地麦田的管理，以蓄水保墒为主 旱地麦田由于没有水浇条件，管理重点是借墒追肥。一般麦田要在起身至拔节期间跟雨追肥，每亩追尿素10～20千克；对于苗量过大，土壤肥力较高的麦田，为防止徒长倒伏，可推迟追施，酌情追起身肥。

2. 及时锄划，破除板结

春季风大，失墒快，土壤易板结，浇过起身水后应及时

锄划。对群体长势差，分蘖不足和早春浇水早、返青晚的麦田更应注重此措施。

起身期锄划作用：

①破除土壤板结、蓄水保墒。

②增加地温促蘖生长。

③消除杂草。

④消灭部分害虫。

3. 适时化控，防倒伏

起身期随温度升高小麦生长速度加快，如果管理不善可能造成秸秆充实度差，抗倒能力降低，导致生长后期存在倒伏的危险。因此，起身期是化控降秆的最佳时机。对于高产壮苗麦田，以及群体偏大的麦田，更应注重化控防倒伏。要在起身期亩喷施小麦专用防倒剂壮丰安 30～40 毫升，兑水 20～25 千克，进行叶面喷施，注意喷匀，严防重喷和漏喷。

4. 预测预报，防治病虫害

小麦起身期，要重点注意对红蜘蛛、吸浆虫、纹枯病、条锈病等病虫害的预测预报，防治上宜早不宜迟。

3月下旬根据田间发病情况，要及时喷药预防纹枯病。对于有发病史的麦田应3月上旬喷第一次药剂，隔10～15天再喷1次。亩用20％纹枯净可湿性粉剂25～40克、12.5％禾果利可湿性粉剂15～20克或25％优库悬浮剂20～30克，兑水30千克，对准小麦茎基部进行喷雾，可兼治其他病害。

4月上中旬各类麦田都要密切注意麦蜘蛛发生动态，麦蜘蛛发生范围较大,要适时喷施阿维菌素或吡虫啉等杀虫剂。

往年 4 月中旬有吸浆虫危害的地块,要顺垄撒施甲基异柳磷颗粒或辛硫磷粒剂。

4 月中下旬是小麦条锈病发生防治关键时期,各地必须严密防控,一旦发现病株,应及时围歼发病中心,降低病害流行风险。

五、密切关注天气变化,防倒春寒冻害

倒春寒冻害在衡水地区小麦起身期经常发生。各地要密切关注天气变化,有浇灌条件的地方,在寒潮来前浇水,可以调节近地面层小气候,对防御早春冻害有很好的效果。一旦发生冻害,要抓紧时间,追施速效化肥,促苗早发,提高高位分蘖的成穗率,一般每亩追施尿素 10 千克左右;并及早喷施叶面肥等植物生长调节剂,促进受冻小麦尽快恢复生长。

第六节　小麦拔节、孕穗期管理技术

一、拔节、孕穗期的气候特点

此期气温回升较快,同时冷空气活动也频繁。

二、拔节、孕穗期生育特点

小麦拔节孕穗期,是小麦从营养生长为主转向营养生长

和生殖生长并进的时期，大蘖迅速生长，小蘖开始逐渐消亡，小花开始分化；是小麦整个生长发育过程中的关键时期；是小麦生长的第二个吸肥高峰期和需水临界期。

小麦拔节期

小麦孕穗期

三、拔节、孕穗期主攻目标

合理运筹肥水,促进有效分蘖生长提高分蘖成穗率,保证亩穗数;促进中上部节间伸长,形成合理株型和大穗;延缓后期叶片和根系衰老,提高粒重。

四、拔节、孕穗期管理措施

1. 施好拔节、孕穗肥

针对小麦播期不同,小麦苗情不平衡特点,要在做好苗情调查的基础上,根据地力,分类施肥。

(1) 群体茎蘖数适宜的一、二类苗麦田,在叶色正常褪淡,植株基部第一节间接近定长时追施拔节肥,有利于培育壮秆大穗。一般在3月上旬一次性施足拔节孕穗肥,亩施尿素10~12千克。

(2) 群体过小、穗数不足的三类苗,以及前期施肥不足、明显缺乏营养的田块,可适当提早施用拔节肥,在植株第一节间伸长时亩追施尿素5~10千克。

(3) 群体过大、叶色未正常褪淡的田块,拔节肥应适当推迟至植株第二节间定长时施用,以亩用尿素10~15千克为宜。如果前期施肥过多,叶色不能褪淡的田块不施穗肥,防止倒伏。

2. 浇好拔节、孕穗水

(1) 拔节水 拔节期,是小麦小花分化阶段,此阶段保证水分供应,有利于小花发育,防止小花退化,对增加穗粒数极为重要。对于早春墒情较好（0～40 厘米土壤相对含水量 65％以上）的壮苗，可在分蘖两极分化后浇拔节水，促植株健壮生长。

（2）孕穗水 孕穗期，小麦对水分很敏感，是需水临界期，也是小麦一生中耗水量最多的时期。生产上根据叶色和土壤墒情而定，对肥力较高、长势偏旺、墒情较好的麦田，应推迟至抽穗前浇水，一般在 4 月中下旬。而大部分麦田一般在 4 月上中旬浇水，兼顾预防晚霜冻害。

3. 防治病虫

孕穗至抽穗扬花期的防治重点是小麦吸浆虫、麦蚜，监测白粉病、锈病、赤霉病等。

吸浆虫的防治，要抓住吸浆虫幼虫上升到土表活动时进行土壤处理，时间大致在 4 月 15～25 日，亩用 40％甲基异柳磷乳油或 40％毒死蜱 150～200 毫升兑水 1 千克，拌细土 25 千克制成毒土，顺麦垄均匀撒施，对于粘在麦叶上的毒土，要用竹竿或扫帚将其震落。吸浆虫重发区，不仅仅要撒毒土，还要在小麦抽穗达到 80％～90％时（时间大致在 5 月 1 日前后），进行小麦吸浆虫成虫防治，方法是亩用 4.5％高效氯氰菊酯 35 毫升或 2.5％功夫菊酯 30 毫升，兑水 30 千克进行全田茎叶喷雾。

白粉病、锈病等病每亩用 12.5％烯唑醇可湿性粉剂（禾果利）20 克或 20％三唑酮乳油 50～75 毫升兑水 30 千克均匀喷雾，防治效果很好。

赤霉病在小麦齐穗至始花期，连续阴雨 3 天以上时发生。应在连阴雨发生之前防治，每亩用 50％多菌灵可湿性粉剂 100 克或 70％甲基硫菌灵可湿性粉剂 100 克，兑水 30 千克喷雾。

4. 注意晚霜冻害

4 月上旬冀州区常发生晚霜冻害，防止晚霜冻害的最有效措施是密切关注天气变化，在降温之前灌水，调节近地面层小气候。一旦发生冻害，及时进行补救：抓紧时间追施速效化肥，促苗早发，一般亩追施尿素 10 千克左右；中耕保墒，提高地温；叶面喷施植物生长调节剂，促进受冻小麦尽快恢复生长。

第七节　小麦抽穗、扬花、灌浆期管理技术

一、抽穗、扬花、灌浆期的气候特点

大气干燥，风速大，雨水偏少，光照充足。

二、抽穗、扬花、灌浆期生育特点

抽穗、扬花、灌浆期包括抽穗、开花授粉、籽粒灌浆的过程，生理代谢最旺盛，耗水量最多，此期以籽粒形成为中心，决定粒重和粒数的多少，是产量形成期。这将对夏粮产量起着至关重要的作用。叶片是小麦生产光合产物和进行蒸腾的器官，后期如果叶片衰老太快对灌浆不利，如果叶片过旺贪青晚熟也不利于高产。本阶段水肥管理的目标是保持根

系活力，延长叶片功能期，防止早衰与贪青晚熟；促进光合产物向籽粒运转，争取粒重。

小麦抽穗期

三、抽穗、扬花、灌浆期主攻目标

此期主要是保根、护叶、延长叶片功能、防止早衰；提高受精率、提高灌浆速度；争取粒多、粒重的关键时期。减少不育小花，增加千粒重。提高粒重，并且是预防旱、涝、风、病虫、倒伏等自然灾害的关键时期。这一时期是小麦产量形成的直接时期，也是病虫多发和灾害性天气多发的时期，采取合理的技术措施，改善小麦生长条件，促使小麦养根护叶，提高灌浆强度和延长灌浆时间，可以有效提高小麦产量，改善小麦品质。

四、抽穗、扬花、灌浆期管理措施

1. 合理浇水

小麦扬花灌浆期对水分需求较多，是小麦需水临界期。此期是否灌水应根据多种因素综合确定。

（1）看天 若小麦灌浆期出现一次降水量20毫米以上的过程，可以不浇灌浆水，如果灌浆期降水量很少，可以考虑浇灌浆水。

（2）看地 土壤肥力高、墒情好的地块可不浇灌浆水，而土壤墒情不足的麦田则应浇灌浆水。

（3）看群体浇水 群体偏大、生长过旺、具有倒伏风险的地块尽量不浇灌浆水，否则一旦出现倒伏，产量降低更多、风险更大。

注意：小麦扬花后10～15天及时浇灌浆水，注意根据天气预报，做到无风快浇，小风细浇，大风不浇，遇雨停浇，防止因浇水造成倒伏。麦黄期间至收获前10天内禁止浇水，以免引起断根烂根造成减产。

2. 防治病虫害

抽穗、扬花、灌浆期是小麦多种病虫害发生的主要时期，主要有麦蚜、麦红蜘蛛、锈病、白粉病、赤霉病等。要做好预测预报，及早进行防治。

（1）防治小麦蚜虫 每亩用2.5％功夫菊酯乳油40～60毫升，或亩用24％吡虫啉可湿性粉剂20克，兑水30千克进行喷雾，严重地块一周后再喷施一次。防治麦红蜘蛛，可用 1.8％阿维菌素乳油 10～20 毫升，或 40％三唑磷乳油 20～40 毫升，兑水 40 千克喷雾防治。

（2）防治白粉病、锈病 每亩用 15％粉锈宁可湿性粉剂 100 克或 12.5％烯唑醇可湿性粉剂 40～60 克或 25％丙环唑乳油 30～35 克，兑水 30～45 千克喷雾，7～10 天喷药一次。

3. 叶面喷肥

小麦扬花后至灌浆初期，每亩用 0.2 千克磷酸二氢钾加 0.5 千克尿素，加水 50 千克进行叶面喷洒，一般 5～7 天喷 1 次，连喷 2～3 次。可使小麦抵抗干热风的危害，防止早衰，提高粒重。喷施叶面肥注意避开中午前后的高温时段，以免造成"烧叶"，最好在下午 4 时以后，以利于叶面吸收。

4. 及时清除麦田杂草

对前期化学除草不彻底的地块，尤其是节节麦、野燕麦、雀麦等恶性杂草较多的地块。应及时彻底拔除，拔除的麦田杂草要带到田外深埋或干后烧掉，防止下年进一步蔓延危害。

第八节 小麦适时收获

一、气候特点

天气多变，常有风雹出现。

二、主攻目标

适时收获，做到颗粒归仓。

三、管理措施

1. 适时、抢时收获

小麦成熟程度是决定收获期的主要依据。熟期分为乳熟期、蜡熟期和完熟期。乳熟、蜡熟期又分为初、中、末3个阶段，根据植株和籽粒的色泽、含水量等来确定。乳熟期的茎叶由绿逐渐变黄绿，籽粒有乳汁状内含物。乳熟末期籽粒的体积与鲜重都达到最大值，粒色转淡黄、腹沟呈绿色；蜡熟期籽粒的内含物呈蜡状，硬度随熟期进程由软变硬。蜡熟初期叶片黄而未干，籽粒呈浅黄色，腹沟褪绿，粒内无浆。蜡熟中期下部叶片干黄，茎秆有弹性，籽粒转黄色，饱满而湿润。蜡熟末期，全株变黄，茎秆仍有弹性，籽粒黄色稍硬。完熟期叶片枯黄，籽粒变硬，呈品种本色。

最适宜的收获阶段是蜡熟末期到完熟期。过早收获，籽粒不饱满，产量低，品质差。收获过晚，常发生落粒，掉穗或遇雨造成籽粒发芽等损失，还可能由于籽粒在高温、多雨的条件下，因呼吸、淋溶等作用而使籽粒中储藏的物质受到损耗，降低产量，影响品质，造成严重落镰。

人工收割收获宜在蜡熟中期到末期进行；使用联合收获机直接收获时，宜在蜡熟末至完熟期进行。留种用的麦田在完熟期收获。

注意：小麦成熟收获时期，正是冀州区气候多变期，应根据天气状况和生产条件，灵活掌握收获时机，宜早不宜迟。

小麦乳熟期

小麦成熟期

2. 及时晾晒、储藏

小麦在脱粒后，迅速把籽粒的夹杂物清除干净，进行晾晒，降低籽粒含水量，小麦籽粒储存的安全水分标准为1.4%以下。储藏时必须控制籽粒水分与温度，做到防霉、防虫、防鼠、防雀、防火；种子还要注意防混杂。

附录 1 冀州区农业气候情况综述

气候资源：冀州区属于北半球暖温带半干旱地区，受东亚季风气候影响，四季分明，冷暖干湿差异较大。夏季受太平洋副高边沿的偏南气流影响，潮湿酷热，降水集中；冬季受西北气流影响，在蒙古冷高压控制下，西伯利亚的冷空气时常袭来，气候干冷，雨雪稀少；春季干燥多风增温快；秋季多天高气爽天气，有时有连阴雨天气。寒旱同期，雨热同季，四季分明，光照充足，宜于作物生长。常年平均（1981—2010 年平均，以下相同）气温为 13.5℃，气温变化规律是：夏季温度最高，冬季最低，春秋介于其间。日照时数为 2 484.7 小时，平均日照百分率为 55%，太阳辐射总量为每平方厘米 517.66 千焦耳，能满足农作物生长的需要。常年平均降水量为 465.3 毫米，季节间降水分布不均。夏季多雨，易出现春旱夏涝秋吊的现象，适量降水日数为 11 天，仅占总降水日的 13.6%，小于 10 毫米的降水多被植被所截留，不能渗入到植物根部，大于 50 毫米的降水多失于径流，因此降水利用价值低。

一月

天气最冷，平均气温为 - 2.5℃。极端最低温度为

—21.1℃（1981 年 1 月 26 日），水面结冰，土壤封冻，极端最高气温 17.3℃，月平均日照时数为 164.1 小时，降水量为 2.0 毫米，雨雪少，土壤墒情差，对小麦越冬不利，易出现持续大雾、低温寡照天气。

二月

平均气温 1.1℃，上旬温度多以零下温度为主，下旬在零度以上，月平均日照时数为 164.4 小时，降水量为 5.8 毫米。日平均气温稳定通过≥0℃的初日，平均在 2 月 15 日，表示土壤开始解冻，小麦开始返青生长，进入农耕期。"一年之计在于春"若早春少雨，应抓住有利时机及时（2 月下旬到 3 月中旬）春灌，做好冬小麦的春管。此月气温变幅较大，忽高忽低，冷暖天气交替出现，麦苗提前萌动生长，易受低温冻害。

三月

平均气温为 7.3℃，日平均气温稳定通过≥5℃的初日平均在 3 月 14 日，是小麦分蘖盛期的下限，大多数树木开始萌动，农作物开始生长。平均日照时数为 208.7 小时，为全年较多的月份。平均降水量 12.2 毫米，年季间分布不均，有 56.5％的年份 3 月降水不足 10 毫米。春旱严重，风多风大，土壤蒸发快，对春作物播种造成很大影响。

四月

平均气温为 15.1℃。平均气温稳定通过≥10℃以后，中温作物和高温作物开始播种，越冬作物和多年生木本植物开始活跃生长，据统计≥10℃的初日平均在 4 月 1 日，终日为 10 月 30 日，平均间隔 214 天，累计积温平均 4 624.4℃。日平均气温稳定通过≥15℃以后，高温作物开始活跃生长，棉花、花生等进入播种期，冀州区≥15℃的初日平均在 4 月 19 日，终日平均在 10 月 11 日，平均间隔日数为 178 天，累计积温 4 189.1℃。平均日照时数为 237.1 小时，平均降水量为 19.1 毫米。该月是一年中平均风速最大的月份，为 3.3 米/秒，也是大风次数最多的月份，并且伴有风沙。少雨多风天气，即春旱发生频率较高，十年九旱影响农作物春播的正常进行，因此 3、4 月份，搞好抗旱保春播保夏收工作尤为重要。一般讲 5 厘米地温稳定通过 10～12℃是高粱、谷子、玉米等春播作物的播种指标；14～16℃是棉花播种的温度指标的下限。冀州区常年稳定通过 15℃的平均初日在 4 月 14 日前后，终日在 10 月 16 日前后。

注意霜冻和低温连阴雨天气：霜冻是指在一年温暖的时期里，土壤表面和植物表面温度下降到足以引起植物遭受伤害或者死亡的短时间低温冻害，霜冻又分春霜冻和秋霜冻两种类型，春霜冻会对冀州区果树生长开花、小麦生长、棉花生长造成不同程度的冻害。冀州区初霜日平均在 10 月 23 日，最早在 10 月 5 日，最晚为 11 月 9 日。终霜日（春霜冻）多年平均在 3 月 27 日，最早为 2 月 14 日，最晚在 4 月 21 日，无霜期为 210 天，最长达 250 天，最短为 184 天。全年无霜期比较长，有利于作物生长发育，只要科学选用品种、合理搭配一年二熟作物品种，均能正常成熟收获，同时霜冻灾害对农业造成危害的年份也不多。

五月

平均气温 20.8℃，平均稳定通过≥20℃的初日平均在 5 月 18 日，终日平均在 9 月 14 日，≥20℃是喜温作物光合作用最适宜温度范围的下限，是玉米、高粱完全成熟的界限温度。平均日照时数为 257.8 小时，为全年最多。历年日照时数出现在 1981 年 5 月，为 305.5 小时。平均降水量 38.6 毫米，雨水偏少。

注意干热风：干热风是一种高温低湿并伴有一定风力的天气现象，是冬小麦生育后期的一种主要自然灾害，干热风几乎年年都有发生，弱干热风是指气温≥30℃，空气相对湿度≤30%，风速≥3 米/秒，平均开始日期为 5 月 20 日，最早为 5 月 1 日，最晚为 6 月 9 日；中干热风是指气温≥33℃，空气相对湿度≤25%，风速≥3 米/秒，平均开始日期为 5 月 28 日，最早为 5 月 9 日，最晚为 6 月 8 日；强干热风是指气温≥35℃，空气相对湿度≤20%，风速 6 米/秒，平均开始日期为 5 月 27 日，最早为 5 月 8 日，最晚为 6 月 10 日。中、强干热风出现的频率为 98%。干热风对冬小麦的影响分为 3 种类型：一是高温低湿型。特点是大气特别干燥，高温风速大的天气，使小麦干尖、炸芒、植株枯黄。二是雨后枯熟型。特点是雨后高温或猛晴，造成冬小麦青枯或枯熟。三是旱风型。特点是空气湿度小、风速大，气温不一定很高，它影响小麦后期灌浆，降低千粒重，造成小麦不同程度的减产。

六月

平均气温 26.0℃，平均光照时数 237.0 小时，适合各种农作物正常生长发育，月降水量平均为 52.5 毫米，6 月中旬至 7 月上旬为初夏，干旱少雨也是此季的特点。尤其是夏种作物如玉米、谷子等作物播种都需要灌溉，方能保证一播全苗。棉花等作物则应注意浇好关键水，搭好丰产架子。

注意大风冰雹：大风冰雹是此期的灾害性天气，冀州区几乎年年发生，从 1986—2008 年统计，有 21 年发生了不同程度的雹灾，但因雹灾时间、灾害程度的不同，作物受灾范围、面积和灾情也不同，有的年份轻，有的年份造成减产，甚至有时绝收。冀州区出现冰雹时间多在 6～7 月，最早发生在 1988 年 4 月 3 日，最晚发生在 1990 年 9 月 16 日，80％以上年份发生在 6 月，多发生在中午及午后，方向大多数来自西北，全市冰雹路径大致有 3 条：一是从衡水到河沿移向冀州区的魏屯至枣强的腾村。二是由深州的大屯移向冀州的西沙、东兴、冀州镇、殷庄进入枣强的枣强镇；三是从石家庄地区南部移向冀州区的西王、码头李、南午村进入枣强的张秀屯乡。上述 3 条路径，以第二和第三最为常见，强度也比较大。

七月

该月平均气温 27.2℃，为全年最热，日最高气温可达 42.7℃（2002 年 7 月 15 日）。日照时数 214.3 小时，月平均降水量 138.5 毫米。7、8 月平均风速渐小，大风天气减少，进入雨季，云量较多，湿度很大，日照时数相应减少。据统计资料，7 月中旬进入伏天，到 8 月下旬数伏结束，一般中伏和末伏易出现伏旱，常形成玉米卡脖旱。

八月

月平均气温 25.7℃，仅次于 7 月，日照时数 218.5 小时，降水量 110.2 毫米。此月各种作物生长旺盛，虽然历年旱年与偏旱年份占到 40％以上，但是多数年份农作物生长正常，没有什么大的自然灾害性天气。有时可能有雷雨大风天气，可造成局部农田渍涝，作物倒伏。

九月

月平均气温 21.0℃，日照时数 210.4 小时，降水量 42.4 毫米。从 8 月中旬到 9 月底秋旱时有发生，旱年与偏旱年份占到了 50％以上，仅次于春旱，但秋高气爽，光照充足，到 9 月中下旬，棉花已进入吐絮期，秋收作物陆续成熟收获，大多年份气候正常。

十月

平均气温 14.7℃，温度开始下降，对玉米来讲气温低于 16℃，籽粒就不再增重。对冬小麦播种来讲适宜的日平均气温为 15～18℃。日照时数 200.2 小时，降水量 26.9 毫米。此时各种作物进入成熟收获期，冬小麦也陆续播种。但2007 年从 9 月 26 日开始，遇到了历史上罕见的连阴雨天气，到 10 月 10 日结束，持续了半个月，累计降水 69mm，雨日 14 天，轻雾 14 天，无日照日数 12 天，10 月 2 日、7 日、8 日 3 天日照时数只有 11.5 小时，严重影响农作物正常收获，造成玉米不能收获，收了不能晾晒，导致发芽、发霉。

十一月

平均气温 5.9℃，有时夜间温度 0℃以下，11 月上旬立冬，表示冬天开始。下旬地表水出现结冰，此时是麦田浇冻水，即冬灌的有利时机，夜冻昼消。冬性小麦品种需在 0～5℃，经过 35 天以上完成春化阶段，才能形成结实器官，但如果温度过低，春化速度减慢，温度过高就不能完成春化阶段，因此 11 月中下旬至 12 月上中旬正是小麦春化阶段，冀州区气温是能顺利完成小麦春化阶段的。平均日照时数164.7 小时，降水量 10.4 毫米，对小麦生长还是比较有利的。

十二月

平均气温－0.5℃，气温稳定在 3℃以下时，冬小麦停止生长，日均气温≤0℃时，进入越冬期。平均日照时数157.5 小时，是一年中最少的一个月份，平均降水量 3.0 毫米，雨雪偏少，不利于冬小麦安全越冬。

附录 2　衡水中熟区夏玉米试验站发展纪实

衡水中熟区夏玉米试验站是河北省现代农业产业技术体系玉米产业创新团队 9 个综合试验推广站之一，于 2016 年 3 月建于冀州市区南 10 千米的周村镇北午召村明洋农场，计划占地 200 亩，实际试验占地 215.5 亩。建站以来紧紧围绕生产实际结合玉米产业创新团队项目任务书开展工作，圆满完成任务书的任务指标，使基地成为"没有围墙的学校，没有黑板的课堂"，在玉米生产上起到引领、示范、辐射的效果，确保将科技成果真正送到农户手中。

一、建试验站团队，明团队责任

2015 年 12 月局领导确定承接衡水中熟区夏玉米试验站建站工作后，积极与衡水市农业技术推广站领导和产业体系专家协商筛选确定试验站站长和成员组成，抽调技术骨干组建衡水中熟区夏玉米试验站工作团队，并明确责任，在试验站建站地点做到"交通方便利展示、成方连片利规划、基础设施有保证，办公交流有场地"。2016 年 1 月试验站团队正式开展工作，定方案，选基地。

二、建核心基地，拓示范方田

按照要求任务书，在冀州市周村镇北午照村建设了核心试验示范基地，安排新技术、新品种、新机具、新成果 12 项试验示范实际用地 215.5 亩。试验示范基地设立了标志牌，标明基地组织、建设规模、示范技术、任务目标，做到土地平整、配套设施完备，道路整洁，田间留有观察道，合理布局试验、示范内容。

根据建设万亩示范方的任务要求，以试验示范基地为中心在周村镇、南午村镇、冀州镇、枣强县的枣强镇等地落实建设 1 个夏玉米万亩高产示范方，推广夏玉米高产栽培集成技术，经测产示范方亩产比普通大田亩增产 5.8% 以上。

三、试验、示范新成果，展示推广新成效

根据生产需要和岗位专家安排，2016 年试验站安排落实工作有：夏玉米高产高效简化栽培技术示范、夏玉米专用配方肥技术示范、玉米病虫防控前移综合技术示范、玉米清垄播种技术示范、抗倒耐密 70 个新杂交组合试验、玉米品种筛选与评价试验等 12 项试验示范均取得预期效果。其中夏玉米高产高效简化栽培技术示范两个品种 39 亩，平均亩产 707.32 千克，较全区亩产 599.20 千克高 108.12 千克，增产 18.04%。

四、组织培训提素质，开展观摩强效果

1. 组织开展区域性夏玉米高产技术集成培训

2016年共组织了2期超百人规模的技术培训观摩会，小型观摩培训会4期，共培训560人次。5月18日邀请河北省玉米产业体系首席专家崔彦宏教授和岗位专家张金林教授，就玉米重大关键技术举办培训会。来自衡水市11个县（市、区）农牧局相关人员和种植大户共计160多人参加了培训。9月26日，组织衡水市有关县（市）技术骨干和冀州区技术指导员、种粮大户、家庭农场、合作社负责人130余人到试验站进行夏玉米生产技术观摩和培训。

9月8日衡水市农业技术推广站组织全市技术站长技术骨干20多人到试验站观摩指导。

2. 对试验站职业农民工及万亩示范方的农民培训

2016年5月18日和6月4日分别邀请了河北省玉米专家和衡水农业科学院、农牧局专家对试验站5名职业农民工和试验站人员，就玉米播种技术及试验、示范应注意事项等方面进行了培训。同时试验站技术人员入村对万亩示范方的农民进行了培训和田间指导，提高了玉米管理水平。

五、围绕突发性生产问题，开展针对性培训指导

试验站工作人员针对自然灾害、病虫害及人为因素等突发问题进行监测，及时上报相关专家。2016年7月18～20日衡水市出现暴雨大风等自然灾害，致使大部分玉米田出现了积水倒伏。试验站全体人员，赶到试验基地，查看灾情，组织基地工人排除田间积水。同时另一方面，利用好媒体，做好玉米受灾管理技术的宣传。及时撰写、印发了《大田作

物雨后管理技术》明白纸，在受灾现场录制了技术讲座，并在电视台《农事乡情》栏目播放；与衡水市技术站共同撰写了《连阴雨天气和暴雨后玉米管理建议》于 21 日刊登在衡水日报晨刊，使因雨受灾的地块得到了及时的技术指导，受到了农民朋友的一致好评。与此同时，试验站人员分成组到南午村镇花园、举人庄等 20 个村进行田间指导，组织农民自救。试验站共计培训 2 000 多人次，发放明白纸 5 000 余份，解答电话咨询上百个，现场指导受灾面积 2 万多亩。

六、围绕生产实际，开展区域性调研

围绕玉米今年秃尖严重的问题开展田间调研，试验站的技术人员撰写了不同农艺措施对玉米结实的影响的调研报告。

七、玉米生长发育与生产问题动态监测

对生育进程、农情气象、农艺管理措施的实施、生产上存在的问题及技术需求等动态进行监测，并将有关情况及时上报首席专家办公室。

八、对接国家玉米产业体系，提升自身素质、开拓专业视野

积极与国家玉米产业体系试验站进行对接，提升自身素质、开拓专业视野，2016 年 9 月 29 日农牧局周局长带队试验站全体人员到莱州综合试验站进行参观学习。多次邀请衡